全国技工院校数控加工类专业通用（中级技能层级）

数控机床编程与操作
（第三版　电加工机床分册）
习题册

刘　强　主编

中国劳动社会保障出版社

简　介

本习题册是全国技工院校数控加工类专业通用教材（中级技能层级）《数控机床编程与操作（第三版　电加工机床分册）》的配套用书。本习题册紧扣教学要求，按照教材章节顺序编排，知识点分布均衡，题型丰富多样，难易配置适当，有助于学生复习巩固所学知识。

本书由刘强担任主编，高连勇担任副主编，周重锋、王念、赵文杰、张瑞军参加编写。

图书在版编目(CIP)数据

数控机床编程与操作（第三版　电加工机床分册）习题册/刘强主编. -- 北京：中国劳动社会保障出版社，2019

全国技工院校数控加工类专业通用. 中级技能层级

ISBN 978 - 7 - 5167 - 4100 - 9

Ⅰ. ①数…　Ⅱ. ①刘…　Ⅲ. ①电加工机床-程序设计-技工学校-习题集②电加工机床-操作-技工学校-习题集　Ⅳ. ①TG661 - 44

中国版本图书馆 CIP 数据核字(2019)第 192989 号

中国劳动社会保障出版社出版发行

（北京市惠新东街 1 号　邮政编码：100029）

*

北京谊兴印刷有限公司印刷装订　新华书店经销

787 毫米×1092 毫米　16 开本　6 印张　141 千字

2019 年 12 月第 1 版　　2025 年 5 月第 2 次印刷

定价：11.00 元

营销中心电话：400-606-6496

出版社网址：http://www.class.com.cn

http://jg.class.com.cn

版权专有　　　侵权必究

如有印装差错，请与本社联系调换：(010) 81211666

我社将与版权执法机关配合，大力打击盗印、销售和使用盗版图书活动，敬请广大读者协助举报，经查实将给予举报者奖励。

举报电话：(010) 64954652

目　录

第一章　数控电加工基础

第一节　数控电加工概述

一、填空题（将正确答案填写在横线上）

1. 电火花加工是利用工具电极和工件之间的______性火花放电的____________现象来蚀除多余的金属，从而完成工件的加工任务。

2. 电火花加工可以用于传统加工方法难以加工的高______、高________、高________金属材料的高精度工件，尤其适合于________的加工。

3. 电火花加工中的液体介质有助于排除火花放电中产生的__________、__________等悬浮物，并且能对电极及工件起到很好的______作用。

4. 数控电火花成形加工机床的加工范围较宽，可以加工____________、____________、____________等，主轴带有旋转功能的机床还可进行______面加工。

5. 由于电火花放电时热量传导扩散范围____，材料受热影响范围____，因此可以加工热敏性材料。

6. 电火花加工过程中电极与工件不直接________，两者之间作用力____，不足以引起工件的______和______，因此适宜加工低强度工件和进行细微加工。

7. 线切割加工中不产生很大的__________，电极丝、夹具不需要太高的__________，材料的可加工性能不再与__________、__________、__________、__________等有直接关系。

8. 利用四轴或五轴________，数控线切割机床可加工__________、上下面异形体或____________体等工件。

9. 数控线切割机床采用移动的长电极丝进行加工，使单位长度电极丝的__________较小，从而对________的影响比较小。

二、判断题（正确的在括号内打“√”，错误的在括号内打“×”）

1. 在正常的线切割加工过程中，电极丝与工件保持接触放电，不断地蚀除金属，以完成零件的加工。（　　）

2. 电极丝是数控线切割机床的加工刀具，要求其硬度应比被加工工件的硬度高。（　　）

3. 线切割加工可以加工硬度很高的金刚石、硬质合金等材料。（　　）

4. 电加工工作液作为工作介质处在电极之间，具有导电性，加在其中的电压可以在工

作液中产生电流，从而加工零件。（　　）

5. 数控电火花成形加工特别适合复杂表面形状工件的加工，使得用容易制作的电极加工复杂的、难以制造的零件成为现实。（　　）

6. 利用数控线切割机床进行凸模与凹模加工，可一次编程，然后用机床调节配合间隙，分别加工凸模和凹模。（　　）

三、简答题

1. 在电火花加工中，工件与电极间应保持合适放电间隙的原因有哪些？

2. 为什么电加工机床采用脉冲性放电加工工件？

3. 简述电火花线切割加工的特点。

4. 简述电火花成形加工的特点。

四、分析题

1. 分析电火花线切割加工的工作原理。

（1）如图 1—1 所示，写出各序号所代表零部件的名称。

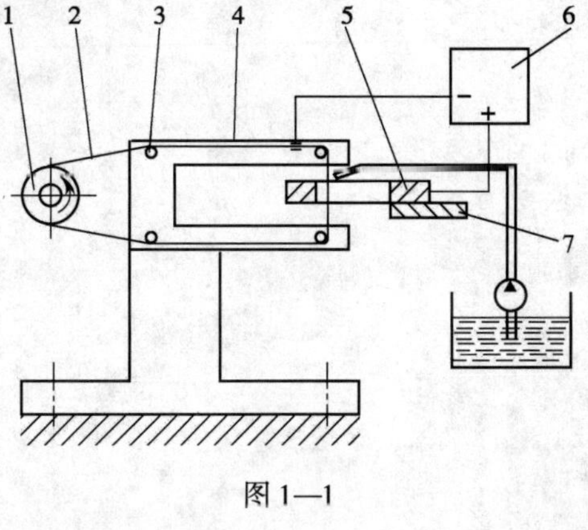

图 1—1

（2）结合图 1—1 分析电火花线切割机床的工作原理。

2. 根据数控电火花成形机床工作原理简图（见图 1—2），分析其工作原理。

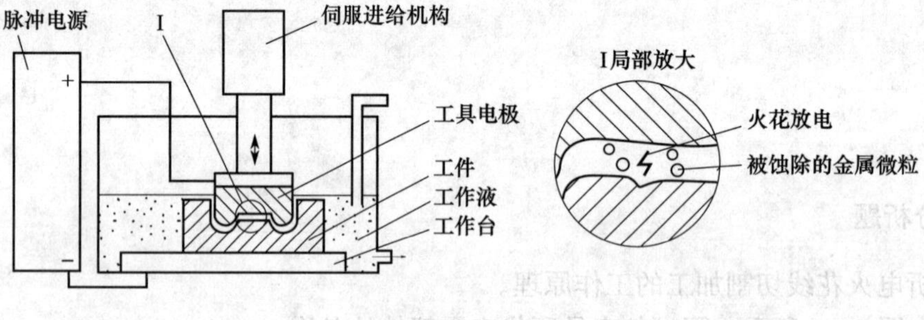

图 1—2

第二节　数控电火花加工机床

一、填空题（将正确答案填写在横线上）

1. 特种加工机床按________及______________________的差异划分为____大类。

2. 按走丝速度，电火花线切割机床可分为_____________线切割机床、_____________线切割机床及_____________线切割机床三大类。

3. 按机床的立柱数量，电火花成形机床可分为__________电火花成形机床和_________电火花成形机床两大类。

4. 每类特种加工机床划分为____个组，每组机床划分为 ______个系。

5. 机床特性代号表示机床所具有的特殊性能，包括__________特性和__________特性。

二、填表题

1. 将特种加工机床类别代号所代表的机床名称填入表1—1。

表1—1

类别													
代号	D	DH	DJ	CS	KC	JG	DS	LS	DL	CC	CL	SL	FH	QT

2. 将特种加工机床通用特性代号填入表1—2。

表1—2

通用特性	高精度	精密	数控	仿形	便携	数显	高速
代号							

三、简答题

1. 解释机床型号 DK7750 的含义。

2. 如图 1—3 所示，写出序号所代表零部件的名称，并简述机床 *X* 向、*Y* 向运动的实现原理。

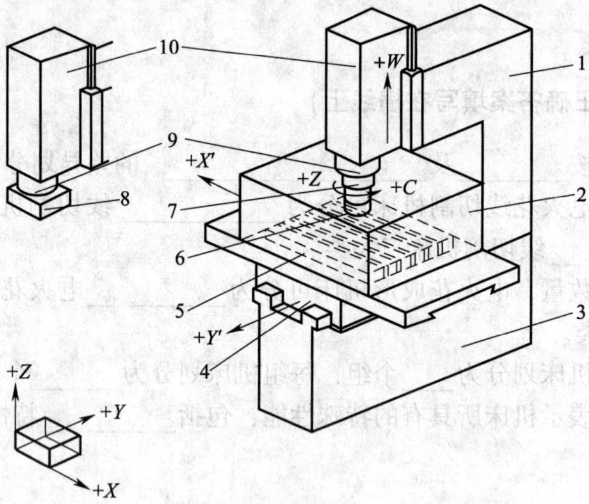

图 1—3

第三节　电火花加工机床工件装夹

一、填空题（将正确答案填写在横线上）

1. ____________主要用于固定平板式工件。当工件尺寸较大时，则应成对使用。当成对使用时，夹具______面的高度要一致。

2. __________主要用于加工电动机定子、转子等多型孔的________工件，可保证较高的________精度。

3. 对经过淬火的工件，在穿丝孔或凹模类工件扩孔的台阶处，应清除淬火时的__________及__________，以防影响加工时的正常放电。

4. 夹具固定在机床工作台面上，应用__________找正。

5. 批量生产时最好使用________夹具，以提高__________。精密、细小、薄壁件可先固定在不易变形的______夹具上，再进行装夹。

6. 电火花成形加工中，工件装夹时常用________、________等固定在机床工作台上，并使用________找正。

7. 使用磁性夹具时，要注意保护夹具的______面，取下工件时，尽量不要在基准面上平拖，以防拉毛基准面，影响夹具的__________。

8. 悬臂支撑方式______强，______方便，但悬臂工件易______，多用在工件精度要求__________或__________较好的场合。

9. ____________支撑方式，工件两端固定在夹具上，装夹__________，支撑稳定，定位精度__________，但不利于__________装夹。

二、简答题

1. 如图 1—4 所示，试说明分度夹具结构示意图中各序号代表零部件的名称，并分析其工作原理。

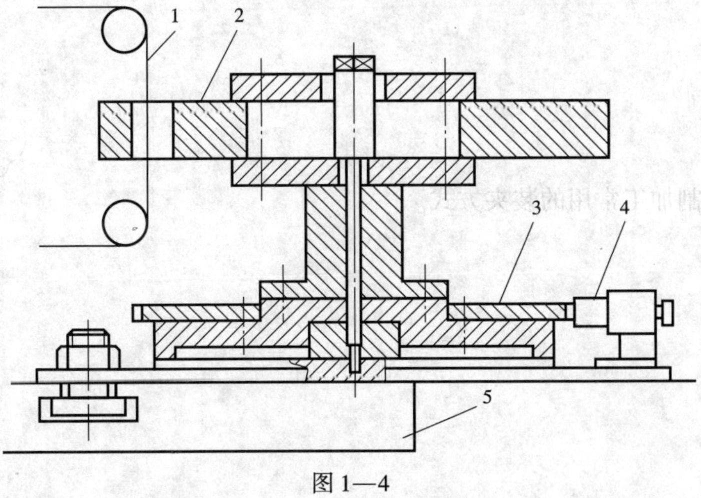

图 1—4

2. 如图 1—5 所示，说明磁性夹具的工作原理。

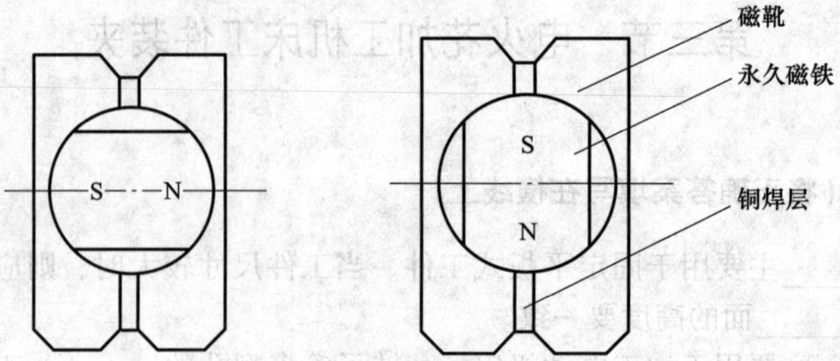

a) b)

图 1—5

3. 简述电加工机床对工件装夹的要求。

4. 简述线切割加工常用的装夹方式。

5. 常用的工件找正方法有哪几种？

三、分析题

1. 如图 1—6 所示，写出工件的装夹方式。

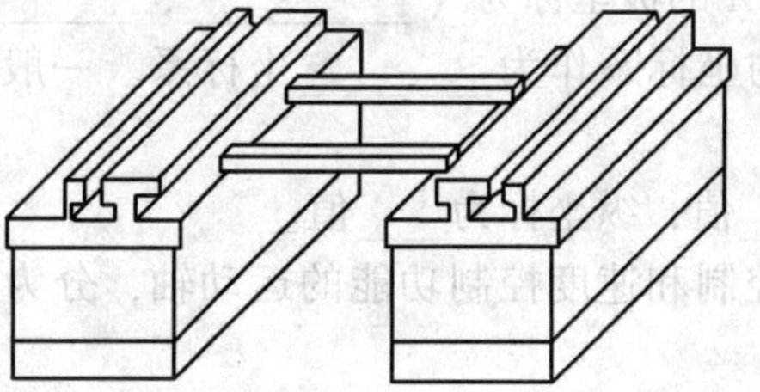

__________装夹方式

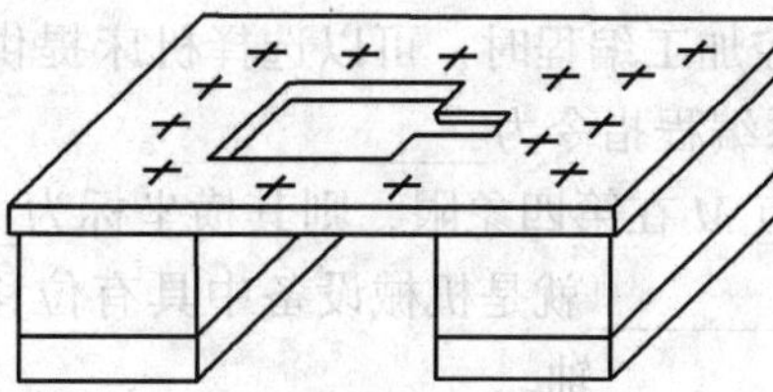

__________装夹方式

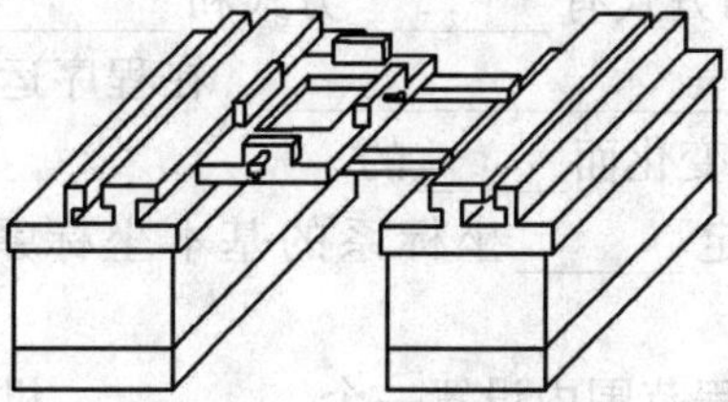

__________装夹方式

图 1—6

2. 加工如图 1—7 所示的直角尺凹模，请写出其可用的装夹方式和找正方法。已知毛坯尺寸为 100 mm × 100 mm × 10 mm。

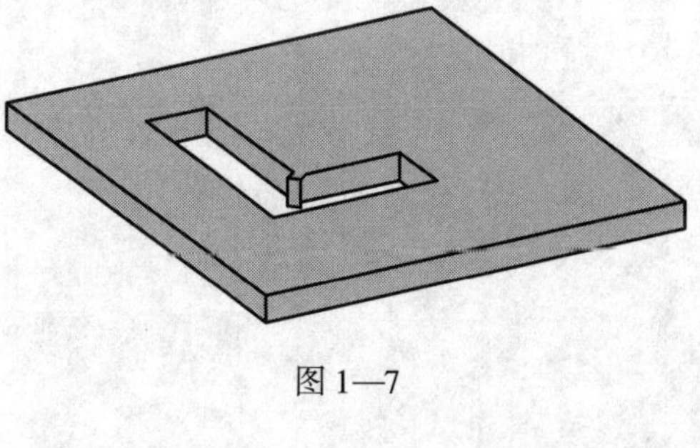

图 1—7

第四节　数控编程基础

一、填空题（将正确答案填写在横线上）

1. 在平面坐标系中，最常用、最简单的是________________，有时也利用其他坐标系，如________________。

2. 已知点 A 的直角坐标为（4，3），则点 A 的极坐标为（__________，__________）。

3. 数控加工编程时，可以选择机床提供的坐标系作为_________坐标系。一般，机床提供的坐标系编程指令为_____________。

4. 若点 M 在第四象限，则其横坐标为____值，纵坐标为____值。

5. __________就是机械设备中具有位移控制和速度控制功能的运动轴，分为_________轴和_____________轴。

6. 关于数控机床的坐标轴和运动方向命名有统一的标准，规定直线进给坐标轴用______、______、______表示，围绕其旋转的圆周进给坐标轴分别用____、____、____表示。

7. 数控机床的 X 轴、Y 轴、Z 轴的相互关系用____________坐标系来决定。

8. 数控机床坐标系分为______坐标系和______坐标系。

9. 数控机床加工中，轴移动方式有________方式和________方式两种。

10. 绝对坐标系的参考点为___________________，在程序运行中是固定不变的；增量坐标系的参考点是随着运动位置的变化而______的。

11. 机械坐标系是用来确定______坐标系的基本坐标系，机械坐标系的零点称为______。

12. 通常在每个坐标轴的行程范围内设置一个________，机械原点与机床参考点不重合时可以通过______指定机床参考点到机械原点的距离。

二、简答题

1. 如图 1—8 所示，请说明点 M 在直角坐标系中的坐标（x，y）与极坐标（ρ，θ）之间的关系。

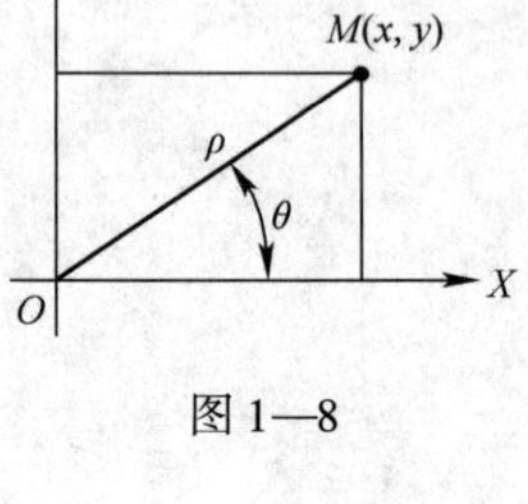

图 1—8

2. 什么是机械坐标系？

3. 什么是工件坐标系？

4. 绝对编程和增量编程分别是什么？

第二章　数控线切割机床基本操作

第一节　数控线切割机床概述

一、填空题（将正确答案填写在横线上）

1. 数控电火花线切割机床控制系统由________、________和________组成。

2. 数控电火花线切割机床工作台由________、________、________和齿轮传动副组成。

3. 数控电火花线切割机床通过________与________的相对运动来完成对零件的进给运动。

4. 数控电火花线切割机床走丝系统由________、________、________等组成。

5. 导轮对电极丝起____和____作用，丝架起____作用，并使电极丝____部分与____保持一定的几何角度。

6. 快走丝线切割机床通常采用________供液方式；慢走丝线切割机床可采用________供液方式，也可采用________供液方式。

7. 线切割加工常用的工作液主要有________、________和________等，在加工中起到冷却、______、______、______、______、______等作用。

8. 为保证火花放电时电极丝不被烧断，必须向放电间隙注入大量______，以使电极丝得到充分冷却。

9. 在数控电火花线切割机床型号 DK7632 中，D 表示________。

10. 慢走丝线切割机床一般采用________作为工作液。

11. 工件表面质量要求较高时，可以______工作液配制浓度；要求切割速度高时，配制浓度要______。

12. 手控盒可控制________、________、________等。

13. 高频电源可以把___电流转换成一定频率的___电流，以供给火花放电间隙所需的能量。

14. 调整________之间的距离，就可以控制储丝筒轴向往复运动的距离。

二、判断题（正确的在括号内打“√”，错误的在括号内打“×”）

1. 线切割机床工作液的配制浓度要考虑加工工件的具体情况。　　（　　）

2. 电极丝放电后就成为废弃物，不能再使用。（ ）

3. 慢走丝线切割机床的电极丝可重复使用。（ ）

4. 目前在线切割加工中应用较普遍的工作液是煤油。（ ）

5. 在慢走丝线切割加工中，由于电极丝不存在损耗，所以加工精度高。（ ）

6. 电火花线切割加工属于特种加工。（ ）

7. 目前我国生产的电火花线切割机床主要是慢走丝线切割机床。（ ）

8. 在快走丝线切割加工中，由于电极丝走丝速度较快，所以电极丝和工件间不会发生电弧放电。（ ）

9. 电火花线切割不能加工半导体材料。（ ）

10. 电火花线切割不仅可以加工导电材料，还可以加工不导电材料。（ ）

11. 电火花线切割加工通常采用正极性加工。（ ）

12. 在快走丝线切割加工中，由于电极丝不存在损耗，所以加工精度高。（ ）

13. 在数控电火花线切割机床型号 DK7732 中，字母 K 属于机床特性代号，是数控的意思。（ ）

14. 在数控电火花线切割机床型号 DK7632 中，数字 32 是机床基本参数，它代表该线切割机床的工作台宽度为 320 mm。（ ）

15. 线切割机床通常分为两大类，一类是快走丝线切割机床，另一类是慢走丝线切割机床。（ ）

16. 快走丝线切割加工速度快，慢走丝线切割加工速度慢。（ ）

17. 在电火花线切割加工过程中，电极丝与工件之间不会发生电弧放电。（ ）

18. 在电火花线切割加工过程中，可以不使用工作液。（ ）

19. 快走丝线切割机床的导轮要求使用硬度高、耐磨性好的材料制造。（ ）

20. 线切割加工中工件几乎不受力，所以加工中工件不需要夹紧。（ ）

21. 在线切割加工中工作液是循环使用的。（ ）

22. 在线切割加工中，工作液对加工工艺指标的影响不大。（ ）

三、选择题（将正确答案的序号填写在括号内）

1. 对电极丝起定位和导向作用的是（ ）。
   A. 导轮　B. 丝架　C. 储丝机构　D. 走丝机构

2. 数控电火花快走丝线切割加工，所选用的工作液和电极丝为（ ）。
   A. 纯水、钼丝　B. 机油、黄铜丝
   C. 乳化液、钼丝　D. 去离子水、黄铜丝

3. 关于电火花线切割加工，下列说法中正确的是（ ）。
   A. 快走丝线切割的电极丝反复使用、损耗大，所以和慢走丝线切割相比其加工精度低
   B. 快走丝线切割电极丝运行速度快，电极丝运行不平稳，所以和慢走丝线切割相比其加工精度低
   C. 快走丝线切割使用的电极丝直径比慢走丝线切割大，所以加工精度比慢走丝线切割低

D. 快走丝线切割使用的电极丝材料性能比慢走丝线切割差，所以加工精度比慢走丝线切割低

4. 对于快走丝线切割机床，在切割加工过程中电极丝运行速度一般为（ ）m/s。

A. 3 ~ 5　　B. 8 ~ 10　　C. 11 ~ 15　　D. 4 ~ 8

5. 快走丝线切割加工厚度较大的工件时，下列关于工作液使用的说法正确的是（ ）。

A. 工作液的浓度要大一些，流量要略小

B. 工作液的浓度要大一些，流量也要大一些

C. 工作液的浓度要小一些，流量也要略小

D. 工作液的浓度要小一些，流量要大一些

6. 电火花线切割机床使用的脉冲电源输出的是（ ）。

A. 固定频率的单向直流脉冲　　B. 固定频率的交变脉冲

C. 频率可变的单向直流脉冲　　D. 频率可变的交变脉冲

7. 一般情况下，一箱工作液的正常使用寿命为（ ）h。

A. 50 ~ 60　　B. 60 ~ 70　　C. 70 ~ 80　　D. 80 ~ 100

四、简答题

1. 简述数控电火花线切割机床的组成。

2. 数控电火花线切割机床的主要技术参数有哪些？

3. 为什么电火花线切割加工中要使用工作液？

4. 对工作液的使用性能有哪些要求？

5. 简述数控线切割机床的开关机步骤。

6. 储丝筒的动作是怎样控制的？

7. 导轮与丝架的作用是什么？对其有哪些要求？

8. 目前较常用的线切割工作液有哪些种类？怎样配制稀释？

9. 试述工作液的配制浓度与工件的关系。

第二节　数控线切割机床维护与保养

一、填空题（将正确答案填写在横线上）

1. 设备保养必须贯彻“__________，__________”的原则，做到定期保养、强制进行，正确处理使用、保养和修理的关系。

2. 安全操作包括________安全和________安全两方面。

3. 数控线切割机床的工作运动部位应按要求进行润滑，导轮轴承每周用______冲洗一次，多加注润滑油，将残留______挤出。

4. 丝架上臂、下臂应经常清洗，并及时清除__________和__________。

5. 更换工作液时应清洗____________和____________，去除电蚀产物。

6. 储丝筒换向时，如果发生振动应________________。

7. 更换导轮后应重新调整________与________的垂直度，使用一段时间后应重新检查校正。

8. 禁止用__________按开关或接触电气部分，防止____________进入电气部分。

9. 严禁操作人员在____________和______________过程中用手触摸电极丝。

二、判断题（正确的在括号内打“√”，错误的在括号内打“×”）

1. 机床附近不得放置易燃易爆物品。（　　）

2. 手摇上丝完毕后，必须及时取下手柄。（　　）

3. 操作人员在机动运丝和工件加工过程中可以用手触摸电极丝，以判断电极丝的运转情况。（　　）

4. 设备运转时，操作人员须随时关注运行情况，发现异常，不必急于关机，可以根据具体异常情况按照机床说明书或有关资料进行处理。（　　）

5. 滚珠丝杠、导轨和工作台面须保持干净，无灰尘及杂物，从而避免非正常磨损。（　　）

6. 线切割机床操作时应先打开安全开关，将导轮及工作台防护罩安装好后才能进行放电加工。（　　）

三、选择题（将正确答案的序号填写在括号内）

1. 下列关于线切割机床安全操作的说法中正确的是（　　）。

A. 当机床发生电气火灾时，可以用水灭火

B. 当机床发生电气火灾时，应用四氯化碳灭火器灭火

C. 线切割机床在加工过程中产生的气体对操作者的健康没有影响

D. 由于线切割机床在加工过程中的放电电压不高，所以加工中可以用手接触工件或机床工作台

2. 下列关于线切割机床安全操作的说法中正确的是（　　）。

A. 可用湿手按开关或接触电气部分

B. 设备运转时，操作人员须随时关注运行情况，发现异常，及时请人帮忙

C. 加工时打开安全开关，将导轮及工作台防护罩安装好后才能进行放电加工

D. 机床、电柜外表油漆面应用汽油、煤油等有机溶剂擦拭

四、简答题

1. 机床使用过程中，废丝应该如何处理？为什么？

2. 为什么要强化对设备的维护保养工作？

3. 数控线切割机床在开机前应进行哪些准备工作？

4. 正式加工工件前应进行哪些准备工作？

5. 试述数控线切割机床维护保养的方法。

第三节 数控线切割机床电极丝操作

一、填空题（将正确答案填写在横线上）

1. 快走丝线切割加工中常用的电极丝有______、______和______，慢走丝线切割加工中常用的电极丝是______。

2. 电极丝的选用原则是根据______选择电极丝类型，根据______选择直径。

3. 电极丝直径应根据______、______及______等选择。

4. 在拐角小的细微线切割加工中，需要选用直径______的电极丝；加工大厚度工件或大电流切割时，应选直径______的电极丝。

5. 穿丝是将电极丝没有固定的一端按机床穿丝顺序依次通过相应的______、______、______，最后压紧在储丝筒右端的螺钉上。

6. 电极丝的张力对运行时电极丝的振幅和加工稳定性有很大影响，故在加工前应采取______的措施。

7. 如果电极丝的张力过大，容易发生______现象。如果电极丝的张力过小，会造成______误差，严重时电极丝快速运转容易跳出导轮槽而发生______现象。张力过小还会使电极丝抖动厉害，造成频繁______，导致加工不稳定，加工精度不高。

8. 电极丝运动的位置主要由______决定。

9. 电极丝垂直度校正方法有使用______校正和使用______校正两种。

10. 快走丝线切割加工中最常用的电极丝直径为______mm，慢走丝线切割加工中最常用的电极丝直径为______mm。

11. 储丝筒空转时出现断丝可能是由于______或______造成的。

12. 电极丝损耗太大将影响______，同时还容易产生______故障。

二、判断题（正确的在括号内打“√”，错误的在括号内打“×”）

1. 快走丝线切割加工中最常用的电极丝是钨钼丝。（ ）
2. 慢走丝线切割加工中最常用的电极丝是钨钼丝。（ ）
3. 电极丝的张力过大，有可能产生疲劳而造成断丝。（ ）
4. 慢走丝线切割机床一般用钼丝作电极丝。（ ）
5. 增大电极丝的直径有利于提高切割速度。（ ）
6. 一般电极丝在使用初期张力可小些，使用一段时间后张力宜大些。（ ）

三、选择题（将正确答案的序号填写在括号内）

1. 下列选项中正确的是（ ）。

A. 加大电极丝直径对提高切割速度有利

B. 减小电极丝直径对提高切割速度有利

C. 在一定的范围内，加大电极丝直径对提高切割速度有利

D. 电极丝直径的变化对切割速度没有影响

2. 下列选项中，不是在切割过程中发生断丝的可能原因的是（　　）。

A. 电流过大

B. 工作液使用不当

C. 储丝筒转速太慢

D. 钼丝直径过小

3. 下列关于电极丝张力对线切割加工影响的说法中正确的是（　　）。

A. 电极丝的张力越大，其切割速度越快

B. 电极丝的张力越小，其切割速度越快

C. 电极丝的张力过大，电极丝有可能发生疲劳而造成断丝

D. 在一定范围内，电极丝的张力增大，切割速度升高；当电极丝的张力增加到一定程度后，其切割速度随张力增大而降低

4. 在快走丝线切割加工过程中，如果电极丝的位置精度较低，电极丝就会发生抖动，从而导致（　　）。

A. 电极丝与工件间瞬时短路，开路次数增多

B. 切缝变宽

C. 切割速度降低

D. 加工精度提高

5. 一般加工条件下，用性能较好的脉冲电源加工 10 000 mm^2 的面积时，电极丝的损耗应小于（　　）mm。

A. 0. 01　　B. 0. 1　　C. 0. 001　　D. 0. 000 1

四、简答题

1. 简述电极丝选用的原则。

2. 简述数控线切割机床穿丝的步骤。

3. 简述数控线切割机床紧丝的步骤。

4. 在什么情况下需要校正电极丝？

5. 线切割机床对电极丝的性能有哪些要求？

6. 快走丝线切割机床和慢走丝线切割机床的电极丝选取有什么不同点？

7. 电极丝的张力对线切割加工有哪些影响？

8. 试述用校正仪校正电极丝的步骤。

9. 电极丝开始切割时断丝的原因可能有哪些？应该如何排除？

第三章　数控线切割加工工艺与手工编程

第一节　数控线切割加工工艺

一、填空题（将正确答案填写在横线上）

1. 切割封闭形轮廓时为保证零件的完整性，必须预先加工出__________。

2. 切割中小型凹形工件时，穿丝孔可选在__________，以便于轨迹坐标的计算和加工定位。切割大型凹形工件时，为缩短加工路径、节约工时，穿丝孔可选在__________附近。

3. 当选择以穿丝孔作为加工基准定位时，穿丝孔的精度会直接影响加工精度，应保证其精度______或______工件的精度要求。

4. 穿丝孔的直径不宜太小或太大，一般选在__________mm范围内。

5. 在加工穿丝孔时，如果不需要用穿丝孔定位，可直接在______上加工。当选择以穿丝孔作为加工基准定位时，穿丝孔应在____________________的机床上进行加工。

6. 数控电火花线切割机床加工时的间隙补偿量与____________________________和____________________________有关。

7. 编写好的程序一般要经过检验才能用于正式加工，机床数控系统一般都提供程序检验的方法，常见的方法主要有__________和__________。

8. 在保持一定的表面粗糙度的切割过程中，单位时间内电极丝中心线在工件上切割的总面积，称为____________________，单位是________。

9. 加工精度包括__________精度、__________精度和__________精度。

二、判断题（正确的在括号内打“√”，错误的在括号内打“×”）

1. 数控电火花线切割加工一块毛坯上的多个零件或加工大型工件时，应沿加工轨迹设置一个穿丝孔。（　　）

2. 穿丝孔是电极丝相对于工件运动的起点，同时也是程序执行的起点。（　　）

3. 穿丝孔都可以在普通钻床上进行加工。（　　）

4. 穿丝孔是工艺孔，因此穿丝孔的尺寸精度、位置精度应低于工件的精度要求。（　　）

5. 工件的切割图形与定位基准的位置精度要求不高时，可采用百分表找正。（　　）

6. 如果线切割单边放电间隙为0.01 mm，钼丝直径为0.18 mm，则加工圆孔时的间隙补偿量为0.19 mm。（　　）

7. 间隙补偿量可以在程序编写时加入，也可以在加工时通过机床自动补偿。（　　）

三、选择题（将正确答案的序号填写在括号内）

1. 在线切割加工中，加工穿丝孔的目的有（　　）。

A. 保证零件的完整性　　B. 减小零件在切割中的变形

C. 容易找到加工起点　　D. 提高加工速度

2. 在线切割加工中，当穿丝孔靠近装夹位置时，开始切割时电极丝的走向应（　　）。

A. 沿离开夹具的方向　　B. 沿与夹具平行的方向

C. 沿离开夹具的方向或与夹具平行的方向　　D. 无特殊要求

3. 若线切割机床的单边放电间隙为0. 02 mm，钼丝直径为0. 18 mm，则加工圆孔时的间隙补偿量为（　　）mm。

A. 0. 10　　B. 0. 11　　C. 0. 20　　D. 0. 21

4. 用线切割机床加工直径为10 mm的圆孔，在加工中当电极丝的间隙补偿量设置为0. 12 mm时，加工孔的实际直径为10. 02 mm。如果要使加工的孔径为10 mm，则采用的间隙补偿量应为（　　）mm。

A. 0. 10　　B. 0. 11　　C. 0. 12　　D. 0. 13

5. 快走丝线切割最常用的加工波形是（　　）。

A. 锯齿波　　B. 矩形波　　C. 分组脉冲波　　D. 前阶梯波

6. 在电火花线切割加工过程中，下列参数中属于不稳定参数的是（　　）。

A. 脉冲宽度　　B. 脉冲间隔　　C. 加工速度　　D. 短路峰值电流

7. 在加工较厚的工件时，要保证加工的稳定，放电间隙要大，所以（　　）。

A. 脉冲宽度和脉冲间隔都取较大值

B. 脉冲宽度取较大值，脉冲间隔取较小值

C. 脉冲宽度和脉冲间隔都取较小值

D. 脉冲宽度取较小值，脉冲间隔取较大值

四、简答题

1. 数控线切割加工的主要工艺指标有哪些？

2. 影响数控线切割加工工艺指标的因素有哪些？

3. 应如何选择切割起点？

4. 间隙补偿量的大小及方向是如何确定的？

5. 应如何选择穿丝孔的位置？

6. 选择切割路线时，须注意哪些方面？

7. 如何加工穿丝孔？

8. 如图 3—1 所示，比较切割起点和切割路线，说明哪种方案最差，哪种方案最好，并阐述原因。

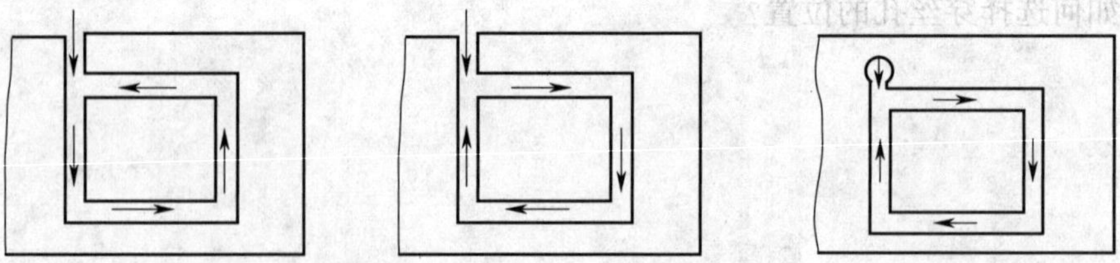

a)　　b)　　c)

图 3—1

9. 为什么要进行间隙补偿？

10. 简述线切割加工程序的编制步骤。

11. 矩形波脉冲电源的参数有哪些？试述它们对线切割加工工艺指标的影响。

12. 粗加工和精加工时应如何选择电参数？

第二节　数控线切割 3B 代码编程

一、填空题（将正确答案填写在横线上）

1. 线切割常见的加工类型有两种：__________加工和__________加工，其他复杂曲线都可以用它们来拟合。

2. 3B 代码是以_____方式编程的。

3. 线切割加工编程时，计数长度的单位为_____。

4. 数控线切割 3B 代码编程加工如图 3—2 所示的圆弧时，计数长度 $J=$__________。

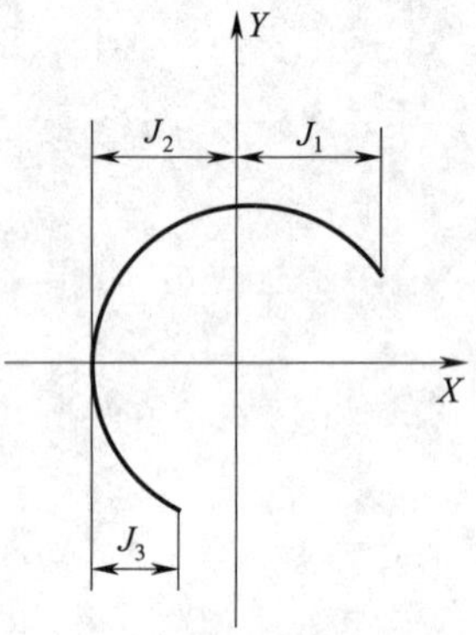

图 3—2

5. 在利用 3B 代码编程加工直线时，取__________为编程坐标系的原点；加工圆弧时，取____________为编程坐标系的原点。

6. 计数方向 G 分为_______和_______两种。

7. 数控线切割 3B 代码编程，加工直线时，若直线终点坐标 $|X|>|Y|$，计数方向取_________；加工圆弧时，若圆弧起点坐标 $|X|>|Y|$，计数方向取_________。

8. 数控线切割 3B 代码编程时，直线的加工方式有_____种，圆弧的加工方式有_____种。

二、判断题（正确的在括号内打"√"，错误的在括号内打"×"）

1. 3B 代码可以用绝对坐标编程。（　　）

2. 在使用 3B 代码编程时，B 称为分隔符，它的作用是将 X、Y、J 的数值分隔开，如果 B 后的数字为 0，则 0 可以省略不写。（　　）

3. 在 3B 代码中，X、Y 值可等比放大或缩小。（　　）

4. 在用 3B 代码进行直线编程时，X、Y 值可等比放大或缩小。（　　）

5. 在用 3B 代码进行圆弧编程时，X、Y 值可等比放大或缩小。（　　）

6. 在用 3B 代码进行直线编程时，当直线与 X 轴重合时，终点坐标的 Y 值为 0，终点坐标的 Y 值可省略不写，其分隔符 B 也可省略。（　　）

7. 圆弧的加工方式 SR3 中，S 表示切割走向为顺时针，R3 表示圆弧终点位于第三象限。（　　）

8. 在用 3B 代码进行圆弧编程时，X、Y 值为圆弧起点在 X、Y 轴上的坐标值。（　　）

三、选择题（将正确答案的序号填写在括号内）

1. 线切割加工采用 3B 代码编程时，计数长度应（　　）。

A. 以 μm 为单位　　B. 以 mm 为单位　　C. 写足四位数

D. 写足五位数　　E. 写足六位数

2. 加工斜线 OA，设起点 O 在坐标原点，终点 A 的坐标为 $X=17$ mm、$Y=5$ mm，其加工程序为（　　）。

A. B17 B5 B17 GX Ll　　B. B17000 B5000 B17000 GX Ll

C. B17000 B5000 B17000 GY L1　　D. B17000 B5000 B5000 GY Ll

E. B17 B5 B17000 GX Ll

3. 在利用 3B 代码编程加工斜线时，如果斜线的加工指令为 L3，则该斜线与 X 轴正方向的夹角 α 为（　　）。

A. $180° < \alpha < 270°$　　B. $180° < \alpha \leqslant 270°$

C. $180° \leqslant \alpha < 270°$　　D. $180° \leqslant \alpha \leqslant 270°$

4. 利用 3B 代码编程加工半圆 AB，切割方向从 A 到 B，起点坐标 A（-5，0），终点坐标 B（5，0），其加工程序为（　　）。

A. B5000 B B10000 GX SR2　　B. B5 B B10000 GY SR2

C. B5000 B B10000 GY SR2　　D. B B5000 B10000 GY SR2

四、简答题

1. 以下是 3B 程序的格式，写出下列各字符的含义。

程序的格式为：BX　BY　BJ　G　Z

B——

X——

Y——

J——

G——

Z——

2. 将直线切割的四种加工方式代码填写在图 3—3 对应的方框中。

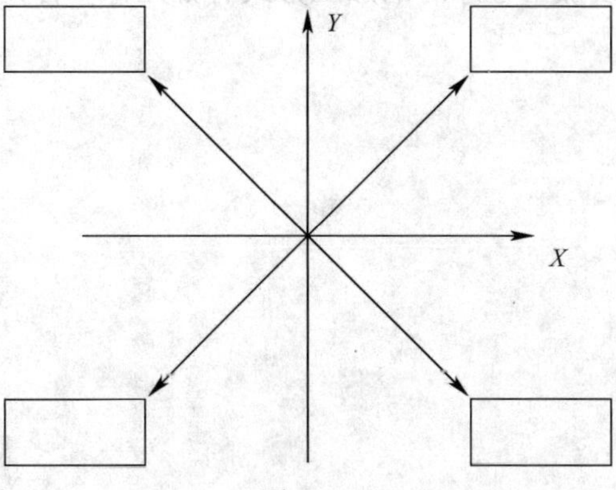

图 3—3

3. 将圆弧切割的八种加工方式代码填写在图 3—4 对应的方框中。

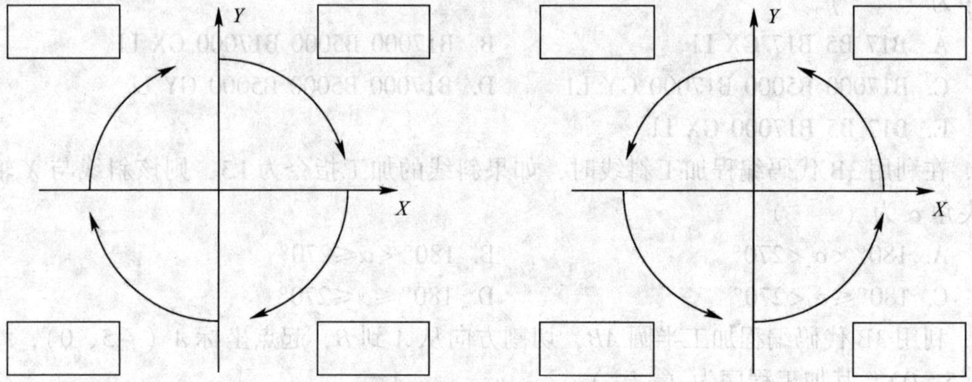

图 3—4

4. 总结 3B 代码程序中直线编程和圆弧编程的 X、Y、G、J 值的确定方法。

5. 用 3B 代码编写直线加工程序时的加工方式有哪几种？含义分别是什么？

五、编程题

1. 加工如图 3—5 所示的线段 OA，终点 A 的坐标为（17，5），编制 3B 代码程序。

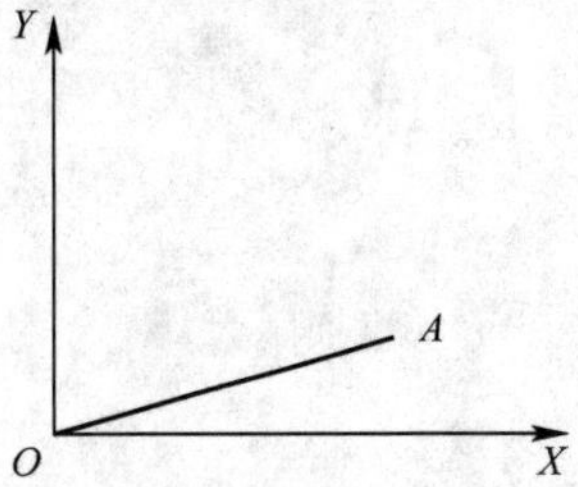

图 3—5

2. 加工如图 3—6 所示的直线段 OA，其长度为 22. 5 mm，编制 3B 代码程序。

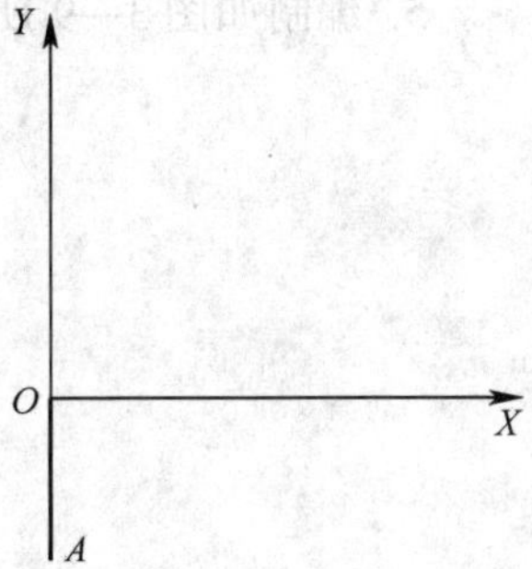

图 3—6

3. 加工如图 3—7 所示的半圆弧 $\widehat{AB}$，起点坐标为 A（ –5，0），编制 3B 代码程序。

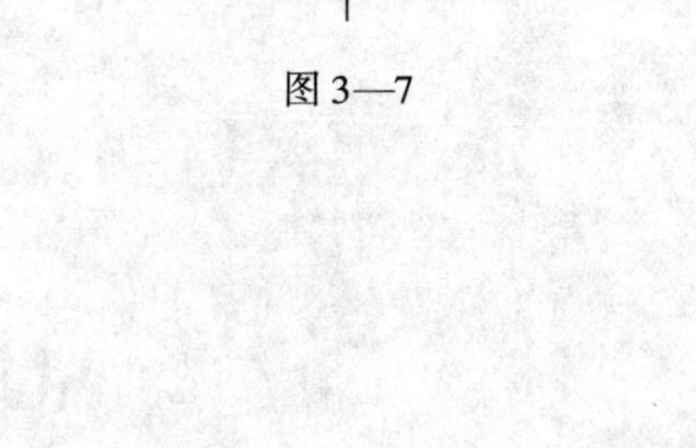

图 3—7

4. 编制如图 3—8 所示图形的 3B 代码程序，加工起点为 *A*，终点为 *B*。

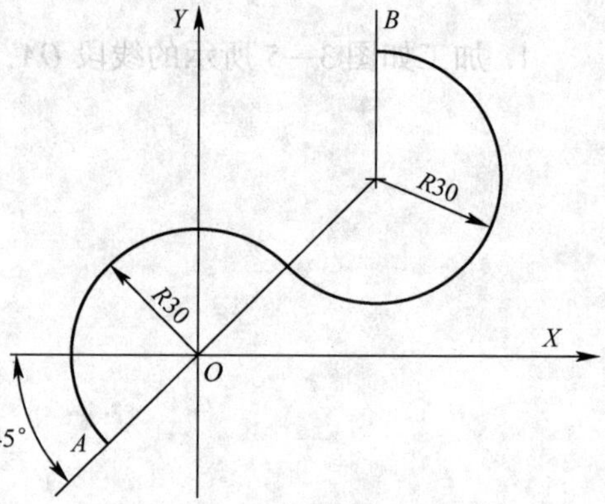

图 3—8

5. 编制如图 3—9 所示图形的 3B 代码程序。

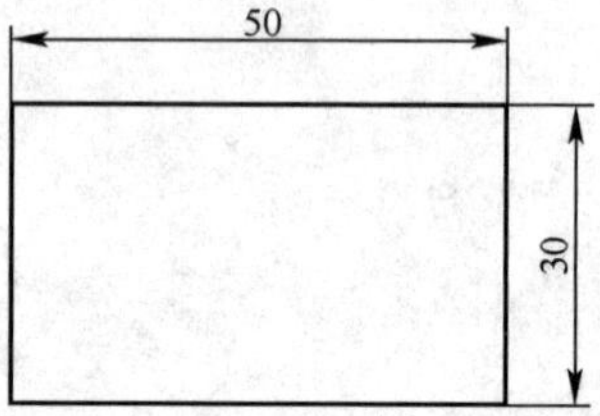

图 3—9

6. 编制如图 3—10 所示图形的 3B 代码程序。

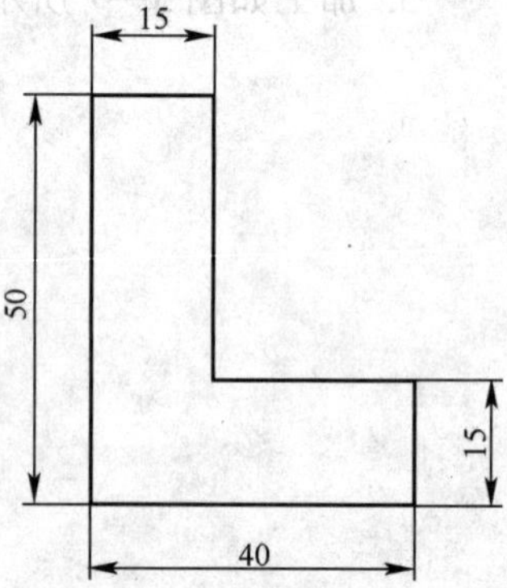

图 3—10

7. 编制如图 3—11 所示图形的 3B 代码程序。

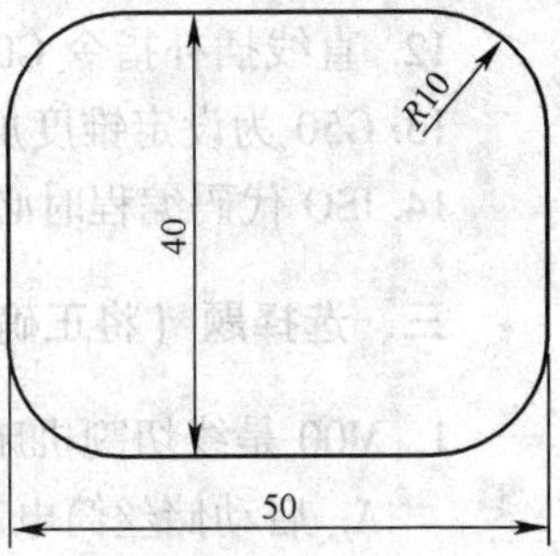

图 3—11

第三节　数控线切割 ISO 代码编程

一、填空题（将正确答案填写在横线上）

1. 数控电火花线切割机床的加工程序，主要采用________代码和________代码编写。

2. G 代码称为________功能指令，M 代码称为________功能指令。

3. G90 为________坐标编程指令，G91 为________坐标编程指令。

4. G00 指令是________（填“模态”或“非模态”）代码，其功能是________。G01 指令是________（填“模态”或“非模态”）代码，其功能是________。

5. 程序暂停执行的代码是________，程序结束的代码是________。

6. 顺圆插补代码是________，逆圆插补代码是________。

7. 程序主体由若干程序段组成，分为__________和__________。

8. 间隙补偿指令中__________为左偏补偿指令，__________为右偏补偿指令。

二、判断题（正确的在括号内打“√”，错误的在括号内打“×”）

1. 从发展趋势来看，ISO 代码编程会逐步被 3B 代码编程取代。（　）

2. 由于 3B 代码编程简单易学，因此用 3B 代码进行数控编程是数控电加工编程和控制发展的必然趋势。（　）

3. 数控线切割 ISO 代码是国际通用程序格式，其编写方法、指令含义和数控铣削完全相同。（　）

4. 数控线切割加工时，G40、G41、G42 为刀具补偿指令。（　）

5. 上一程序段中有了 G02 指令，下一程序段如果仍有 G02 指令，则 G02 可省略。（　）

6. 每个程序都必须有文件名，文件名用字母和数字表示，且不能重复。（　）

7. G40 为设定间隙补偿指令。（　）

8. 线切割 ISO 代码编程时，不可再用 R 代码表示圆弧半径。（　）

9. 线切割 ISO 代码编程时，可用 G17 指令设定加工平面。（　）

10. 和数控铣削编程一样，线切割 ISO 代码编程时也可用 T 代码表示刀具号。（　）

11. 线切割 ISO 代码编程时，在程序开始位置都要写上程序号。（　）
12. 直线插补指令 G01 为模态代码，工件坐标系指定指令 G92 为非模态代码。（　）
13. G50 为设定锥度加工指令。（　）
14. ISO 代码编程时必须写程序段号。（　）

三、选择题（将正确答案的序号填写在括号内）

1. M00 是线切割机床使用 ISO 代码编程时经常使用的辅助功能字，其含义是（　）。
A. 启动储丝筒电动机　B. 关闭储丝筒电动机
C. 启动工作液泵　D. 程序暂停

2. 程序原点是编程人员在数控编程过程中定义在工件上的几何基准点，加工开始时要以当前电极丝位置为参考点设置工件坐标系，所用的 G 指令是（　）。
A. G90　B. G91　C. G92　D. G94

3. 下列关于使用 G41、G42 指令建立电极丝补偿功能的叙述中，正确的是（　）。
A. 当电极丝位于工件的左边时，使用 G41 指令
B. 当电极丝位于工件的右边时，使用 G42 指令
C. G41 为电极丝右补偿指令，G42 为电极丝左补偿指令
D. 沿着电极丝前进方向看，当电极丝位于工件的左边时，使用 G41 左补偿指令；当电极丝位于工件的右边时，使用 G42 右补偿指令

四、填表题

1. 表 3—1 中是常用 G 代码，请在相应空格中填写代码的功能。

表 3—1

G 代码	功能	G 代码	功能
G00		G40	
G01		G41	
G02		G42	
G03		G50	
G04		G51	
G20		G52	
G21		G90	
G28		G91	
G30		G92	

2. 表 3—2 中是常用 M 代码，请在相应空格中填写代码的功能。

表 3—2

M 代码	功能	M 代码	功能
M00		M30	
M01		M98	
M02		M99	

3. 表 3—3 中是常用 T 代码，请在相应空格中填写代码的功能。

表 3—3

T 代码	功能	T 代码	功能
T80		T86	
T81		T87	
T82		T90	
T83		T91	
T84		T96	
T85		T97	

五、简答题

1. 电火花线切割 ISO 代码编程与数控轮廓铣削编程的不同之处是什么？

2. 在 ISO 代码编程中，常用的数控功能指令有哪些（写出 5 个以上）？并简述其功能及指令格式。

六、编程题

1. 加工如图 3—12 所示的 $\phi50$ mm 圆凸模，切削深度为 5 mm，间隙补偿量为 0. 1 mm，用 ISO 代码编制线切割加工程序。

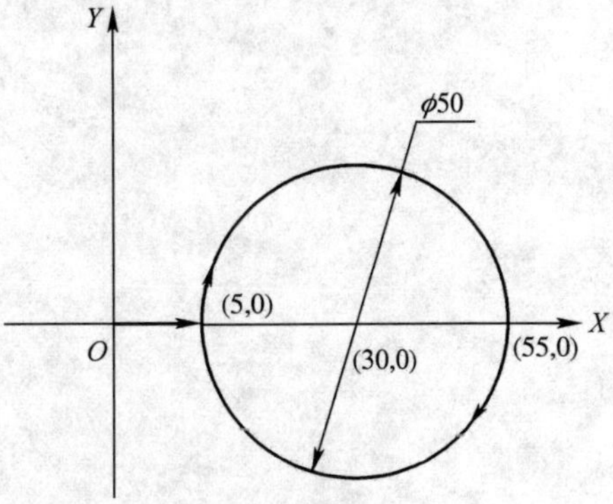

图 3—12

2. 用 ISO 代码编写如图 3—13 所示零件的线切割加工程序。

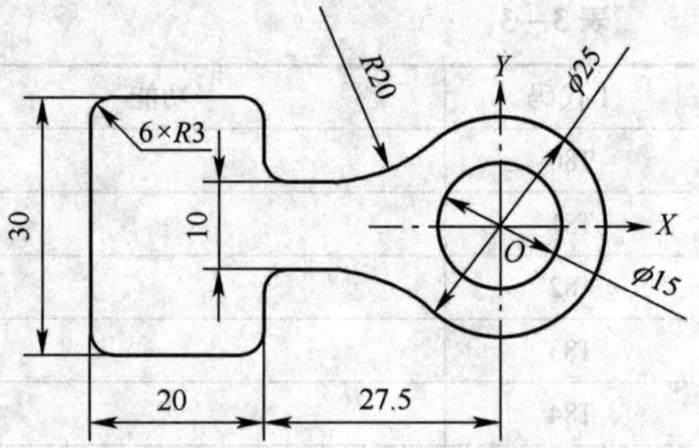

图 3—13

第四节　典型工件编程实例

1. 编写如图 3—14 所示图形的 3B 代码和 ISO 代码程序。

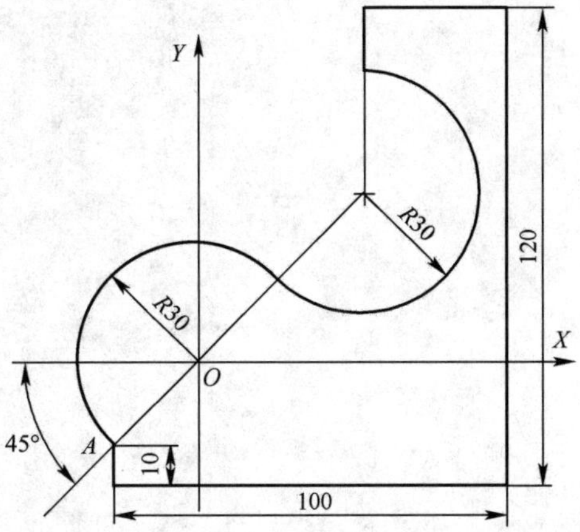

图 3—14

2. 编写如图 3—15 所示图形的 3B 代码和 ISO 代码程序。

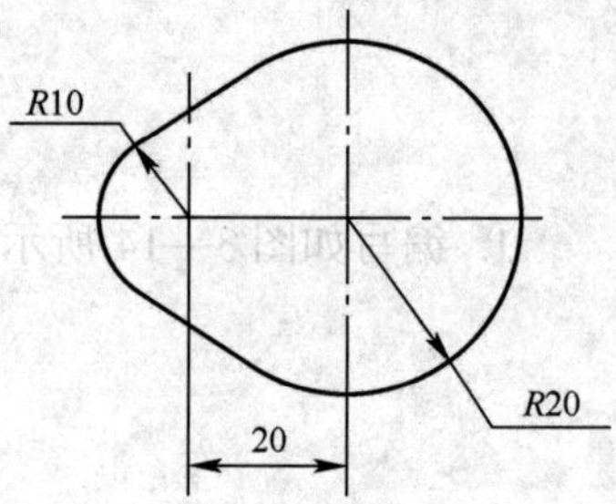

图 3—15

3. 编写如图 3—16 所示正六边形的 3B 代码和 ISO 代码程序，电极丝从 1 点切入，切割路线如图中数字顺序所示。坐标原点在正六边形中心。

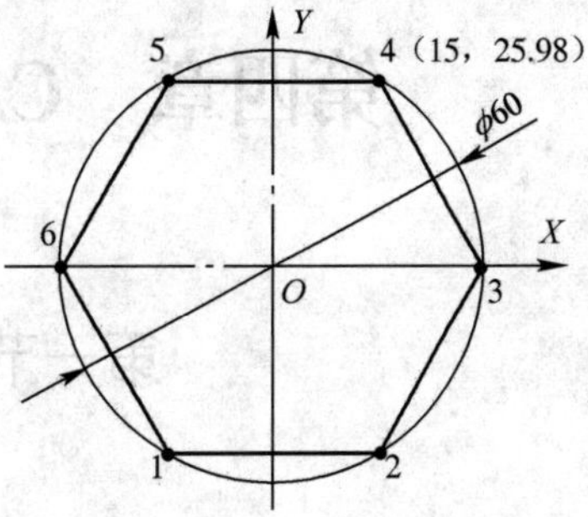

图 3—16

第四章　CAXA 线切割 2013 软件自动编程

第一节　CAXA 线切割 2013 软件概述

一、填空题（将正确答案填写在横线上）

1. CAXA 线切割 2013 软件可以完成________、________、________等功能，集________与________为一体。

2. CAXA 线切割 2013 软件菜单系统包括________、________、________、________等几种。

3. 工具菜单包括______工具菜单和______工具菜单两种。

4. 在绘制状态下需要输入特征点时按下空格键，可调出________工具菜单。在拾取状态下按下空格键，可调出________工具菜单。

5. ________是用图标显示的命令集合，是 CAXA 线切割 2013 软件命令的快捷方式。

6. CAXA 线切割 2013 软件进行图形绘制时，一般应先设置______菜单的内容，再根据________提示进行操作。

7. CAXA 线切割 2013 软件的绘图区位于屏幕的________。

8. 单击绘图工具栏中任一按钮，系统会弹出一个________菜单。

9. 绘制主菜单主要用于实现各种曲线的________、________、________等操作。

二、判断题（正确的在括号内打“√”，错误的在括号内打“×”）

1. CAXA 线切割 2013 软件可以在任何环境下运行。（　　）

2. CAXA 线切割 2013 软件可以直接读取 dwg 格式文件。（　　）

3. CAXA 线切割 2013 软件为全英文界面。（　　）

4. 单击 CAXA 线切割 2013 软件的主菜单都会出现一个下拉菜单。（　　）

5. 下拉菜单中，菜单项右面若有小三角按钮，表示该项还有子菜单。（　　）

6. 工具栏中的每一个按钮对应一个菜单中的命令。鼠标在按钮图标上停留片刻，系统开始执行相应的操作功能。（　　）

7. CAXA 线切割 2013 软件进行图形绘制时，立即菜单提示用户下一步需进行的操作。（　　）

8. CAXA 线切割 2013 软件绘图区的中央有一个三维直角坐标系。（　　）

三、选择题（将正确答案的序号填写在括号内）

1. CAXA 线切割 2013 软件标题栏位于窗口的（　　）。

A. 最上端　　B. 最下端　　C. 最左端　　D. 最右端

2. CAXA 线切割 2013 软件状态栏位于窗口的（　　）。

A. 最上端　　B. 最下端　　C. 最左端　　D. 最右端

3. CAXA 线切割 2013 软件最多允许设置（　　）个坐标系。

A. 15　　B. 16　　C. 17　　D. 18

四、简答题

1. CAXA 线切割 2013 软件可以直接读取哪些格式的文件？

2. 如何启动 CAXA 线切割 2013 软件？

3. CAXA 线切割 2013 软件主菜单包括哪些项？各自的作用是什么？

4. 如何对立即菜单进行操作？

5. CAXA 线切割 2013 软件绘图工作界面主要包含哪几部分？请将其名称填写到图 4—1 的方框中。

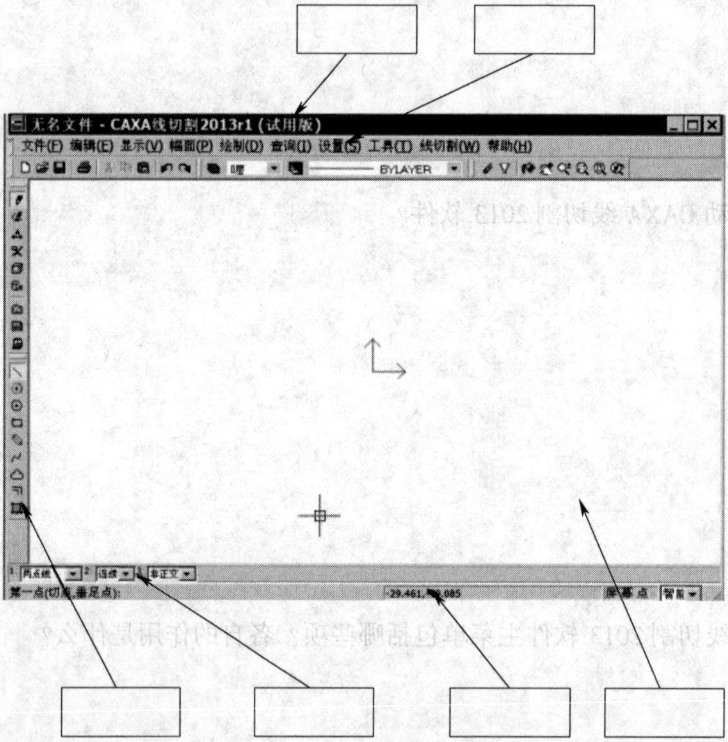

图 4—1

6. 自动编程有什么特点？

7. 如图 4—2 所示为 CAXA 线切割 2013 软件的状态栏，它可分为四个区域，试说明每个区域的功能。

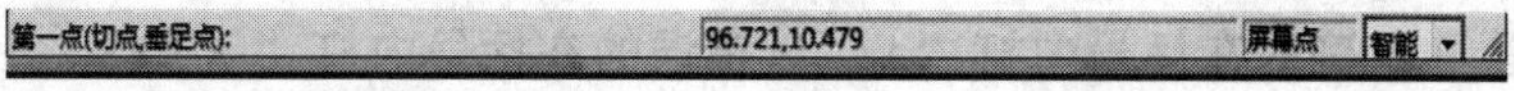

图 4—2

第二节　CAXA 线切割 2013 软件绘图操作

一、填空题（将正确答案填写在横线上）

1. CAXA 线切割 2013 软件绘制圆的方法共有______种，绘制矩形的方法共有______种。
2. CAXA 线切割 2013 软件绘制样条的方法有________________和________________。
3. CAXA 线切割 2013 软件绘制轮廓线的方法有轮廓线为________________和轮廓线为________________。
4. CAXA 线切割 2013 软件绘制等距线的方法有________拾取和________拾取。

5. CAXA 线切割 2013 软件绘制正多边形的方法有________定位和________定位。

6. CAXA 线切割 2013 软件绘制正多边形时，正多边形边数的取值范围是________。

7. CAXA 线切割 2013 软件绘制点的方法共有三种：________、________和________。

8. CAXA 线切割 2013 软件裁剪曲线的方法共有三种：________________、________________和________________。

9. CAXA 线切割 2013 软件进行平移操作的方法共有两种：给定______________和给定______________。

10. CAXA 线切割 2013 软件进行镜像操作的方法共有两种：________________和________________。

11. CAXA 线切割 2013 软件进行阵列操作的方法共有两种：________阵列和________阵列。

12. 以一条曲线为边界，对一系列曲线进行裁剪或延伸的操作称为____________。

13. 依次单击主菜单中【绘制】→【曲线编辑】→【局部放大】，就可用一个______窗口或______窗口将图形的任意一个局部进行放大。

二、判断题（正确的在括号内打“√”，错误的在括号内打“×”）

1. 正三角形属于基本曲线。 （　　）

2. 点属于基本曲线。 （　　）

3. 圆和椭圆都属于基本曲线。 （　　）

4. CAXA 线切割 2013 软件不能绘制不等边三角形。 （　　）

5. 依次单击主菜单中【绘制】→【基本曲线】→【直线】，就可进行直线的绘制。 （　　）

6. 依次单击主菜单中【绘制】→【高级曲线】→【圆弧】，就可进行圆弧的绘制。 （　　）

7. 轮廓线和轮廓文字都属于高级曲线。 （　　）

8. 公式曲线是根据数学公式绘制出的相应数学曲线，给出的公式必须是直角坐标形式的。 （　　）

9. 拾取边界裁剪时，单击被裁剪的曲线，点取的曲线段至边界部分被保留，边界另一侧的曲线被裁剪掉。 （　　）

三、选择题（将正确答案的序号填写在括号内）

1. 以下曲线不属于基本曲线的是（　　）。

A. 点　　B. 直线　　C. 圆　　D. 圆弧

2. 以下曲线不属于基本曲线的是（　　）。

A. 公式曲线　　B. 轮廓线　　C. 等距线　　D. 剖面线

3. 以下曲线属于基本曲线的是（　　）。

A. 点　　B. 圆　　C. 椭圆　　D. 正三角形

4. 以下曲线属于基本曲线的是（　　）。

A. 公式曲线　　B. 等距线　　C. 椭圆　　D. 轮廓文字

5. 以下曲线属于高级曲线的是（　　）。

A. 等距线　　B. 样条　　C. 轮廓线　　D. 轮廓文字

6. 以下不是 CAXA 线切割 2013 软件绘制圆的方法的是（　　）。

A. 两点　　B. 三点　　C. 两点_半径　　D. 三点_半径

7. 以下是 CAXA 线切割 2013 软件绘制矩形的方法的是（　　）。

A. 两角点　　B. 三点　　C. 四点　　D. 两对角线

8. 以下按钮属于基本曲线按钮的是（　　）。

A. 　　B. 　　C. 　　D. 

9. 以下按钮属于高级曲线按钮的是（　　）。

A. 　　B. 　　C. 　　D. 

10. 单击（　　）按钮可以弹出【渐开线齿轮齿形参数】对话框。

A. 　　B. 　　C. 　　D. 

11. CAXA 线切割 2013 软件提供了（　　）种曲线编辑功能。

A. 10　　B. 11　　C. 12　　D. 13

12.  按钮表示（　　）。

A. 裁剪　　B. 过渡　　C. 齐边　　D. 打断

13. 单击曲线编辑工具栏中（　　）按钮，或依次单击主菜单【绘制】→【曲线编辑】→【镜像】，就可对所选曲线进行镜像操作。

A. 　　B. 　　C. 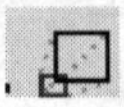　　D. 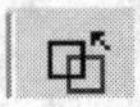

14. 单击曲线编辑工具栏中（　　）按钮，能实现对拾取的实体进行放大或缩小。

A. 　　B. 　　C. 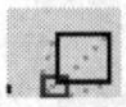　　D. 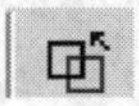

15. （　　）的目的是通过一次操作生成多个形状相同的实体，以提高绘图效率。

A. 阵列　　B. 镜像　　C. 平移　　D. 过渡

16. 以一条曲线为边界，对一系列曲线进行裁剪或延伸称为（　　）。

A. 打断　　B. 裁剪　　C. 拉伸　　D. 齐边

四、简答题

1. CAXA 线切割 2013 软件中包含的基本曲线有哪些？

2. CAXA 线切割 2013 软件绘制直线的方法有哪些？

3. CAXA 线切割 2013 软件绘制圆的方法有哪些？

4. 在用“圆心_半径”绘制圆时，如何确定圆的半径？

5. CAXA 线切割 2013 软件绘制椭圆的方法有哪些？

6. CAXA 线切割 2013 软件提供了哪些曲线编辑功能？

7. 试述两点线的绘制过程。

8. 在用三点画圆时，如何确定三个点的位置？

9. 试述正五边形的绘制过程，要求采用底边定位方式，底边在 X 轴上。

10. 如何对所选曲线进行圆角过渡操作？

11. 如何使绘图区中的曲线顺时针旋转 90°？

第三节 CAXA 线切割 2013 软件程序生成与仿真加工

一、填空题（将正确答案填写在横线上）

1. ________功能能把各个加工轨迹连接成一个轨迹，从而实现一次切割就能完成整个零件的加工。

2. __________命令是生成加工轨迹后，在计算机中模拟实际切割工件的状况。

3. CAXA 线切割 2013 软件提供了两种轨迹仿真方式：________仿真和________仿真。

4. 要得到数控线切割机床的数控程序，必须进行________处理。

5. 生成加工代码是根据________________生成各种格式的________________，而校验代码是通过______________，生成____________，以检验加工代码程序的正确性。

6. 依次单击主菜单中【线切割】→【查询切割面积】，按状态栏提示选取加工轨迹，输入________后按回车键，即可查询加工轨迹的________和切割面积。

7. 样条拟合方式有________拟合和________拟合两种。

二、简答题

1. 线切割轨迹生成模组有哪些主要功能？

2. 轨迹跳步的作用是什么？

3. 什么是取消跳步，如何操作？

4. 如何进行动态仿真？

5. 如何查询切割面积？

6. 线切割生成代码模组有哪些主要功能？

7. 如何生成加工代码？

8. 如何检验 3B 代码加工程序的正确性？

三、分析题

如图 4—3 所示是【线切割轨迹生成参数表】对话框，根据要求回答问题。

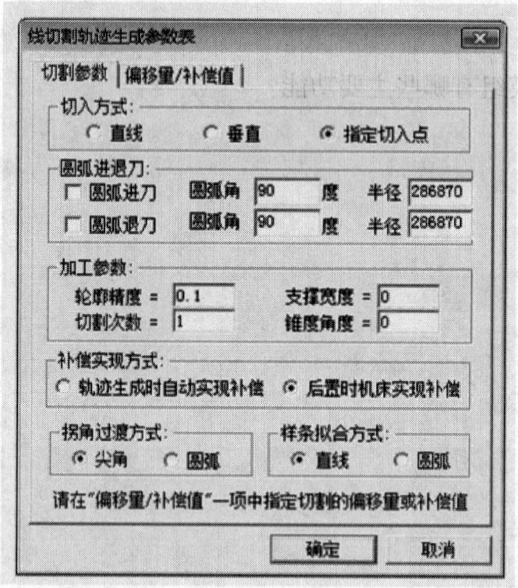

图 4—3

1. 系统提供了三种切入方式：直线、垂直、指定切入点。直线切入方式是指____。垂直切入方式是指____。指定切入点切入方式是指____。

2. 圆弧进退刀用以实现电极丝切入或切出工件时采用圆弧切割方式，通过修改________或________来改变圆弧的大小。

3. 轮廓精度是相对于________曲线而言的，输入的轮廓精度为最大偏差值。支撑宽度是针对多次切割而设计的一个参数，它的数值为____________________之间的宽度。锥度角度是锥度加工时用来设置电极丝______________的。

4. 系统提供了两种补偿实现方式：____________________和____________________________。

5. 系统提供了两种拐角过渡方式：______过渡方式和__________过渡方式。

6. 样条拟合方式有两种：直线拟合和圆弧拟合。直线拟合是将样条曲线拆分成__________来拟合。圆弧拟合是将样条曲线拆分成__________和__________来拟合。

第四节 典型工件自动编程实例

1. 运用 CAXA 线切割 2013 软件自动编程方式加工如图 4—4 所示工件，写出主要的操作步骤。

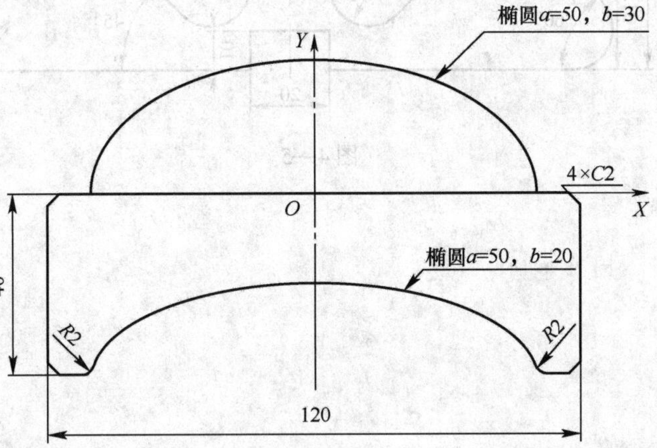

图 4—4

2. 运用 CAXA 线切割 2013 软件自动编程方式加工如图 4—5 所示工件，写出主要的操作步骤。

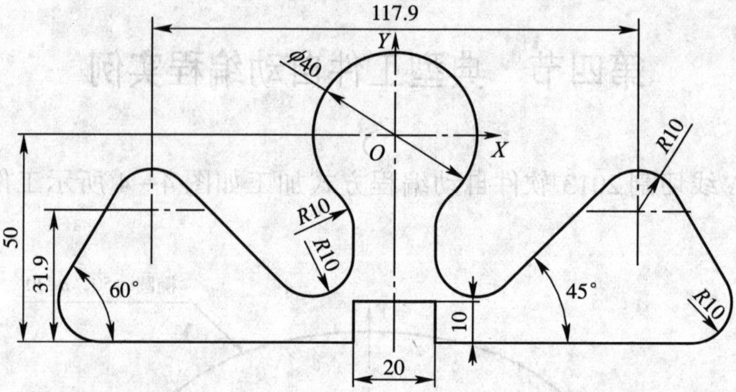

图 4—5

3．运用 CAXA 线切割 2013 软件自动编程方式加工如图 4—6 所示工件，写出主要的操作步骤。

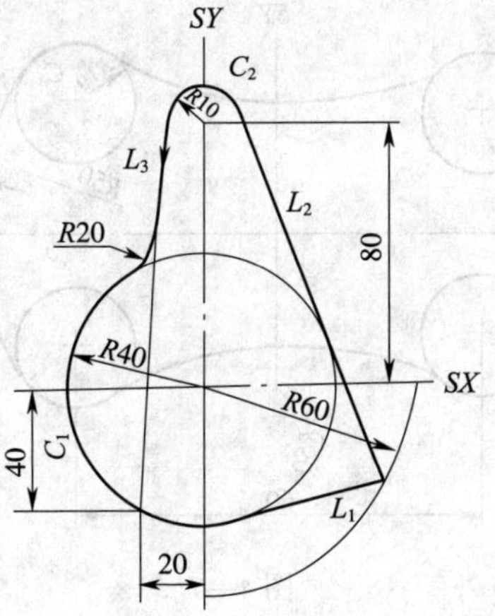

图 4—6

4．运用 CAXA 线切割 2013 软件自动编程方式加工如图 4—7 所示工件，写出主要的操作步骤。

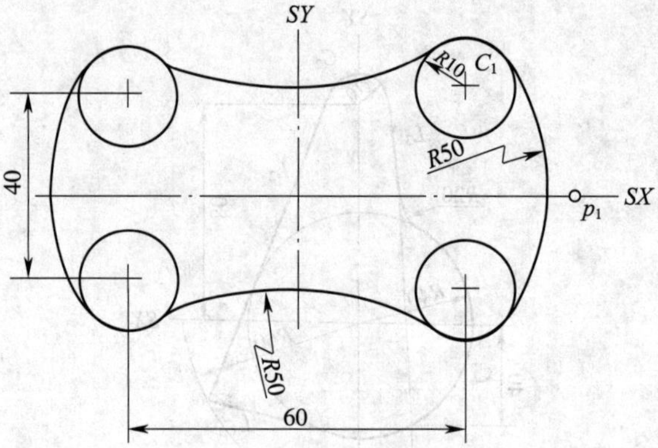

图 4—7

第五章　数控线切割加工实例

1. 分别计算用绝对编程（ISO 代码编程）时本章各实例中零件关键点的坐标值。

实例一：

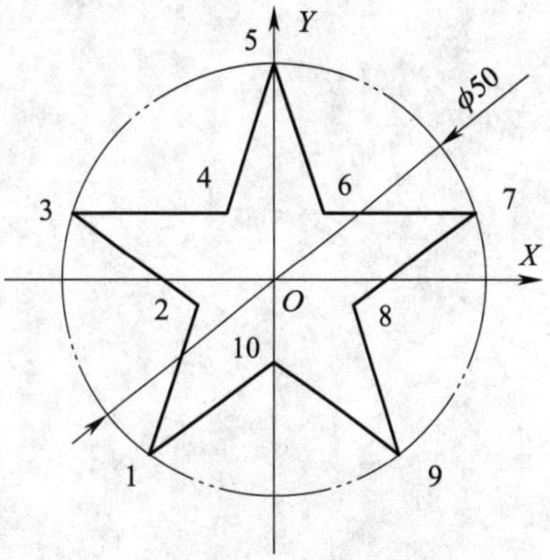

图 5—1

实例二：

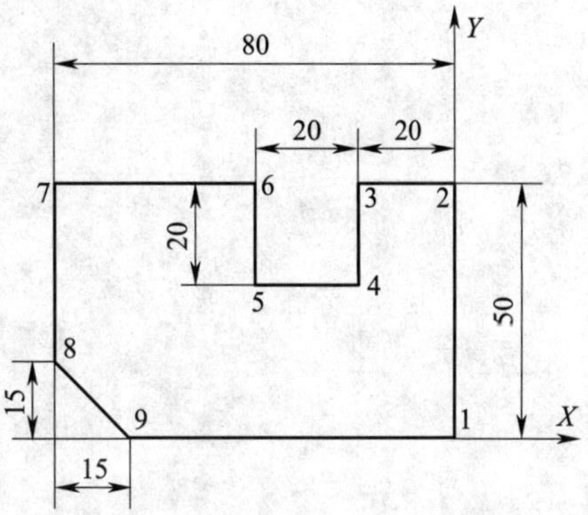

图 5—2

实例三：

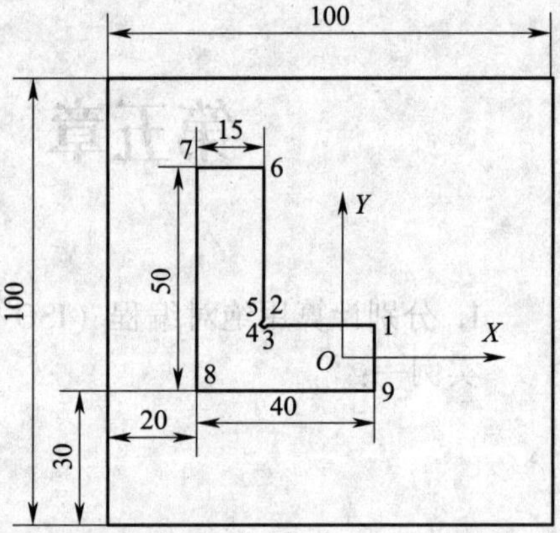

图 5—3

实例四：

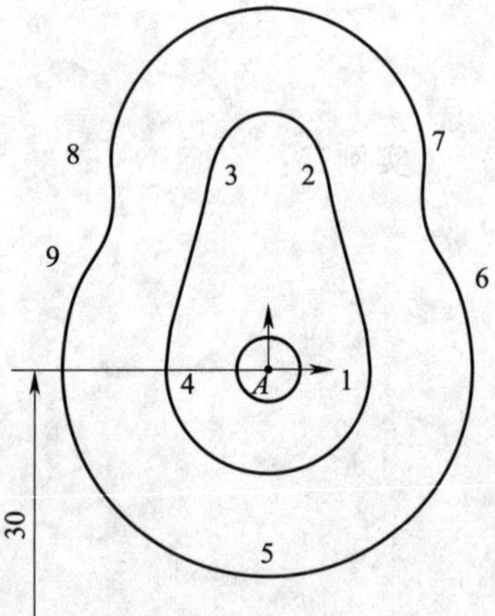

图 5—4

2. 分别说明在本章各实例所示的零件加工过程中如何选择毛坯的装夹方法及起割点。

实例一：

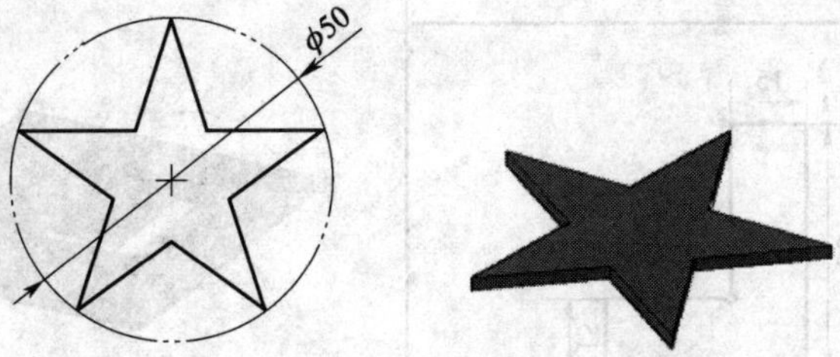

图 5—5

实例二：

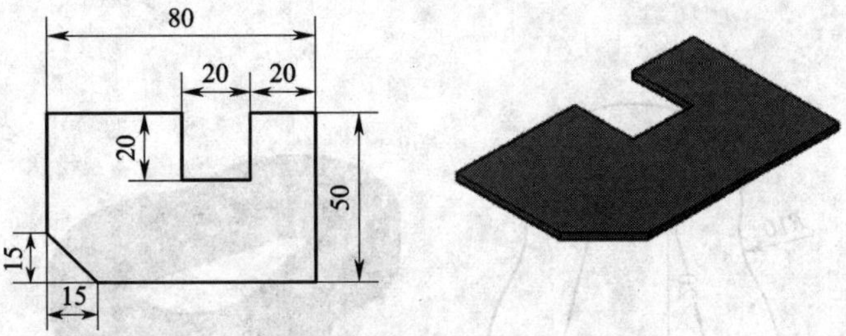

图 5—6

实例三：

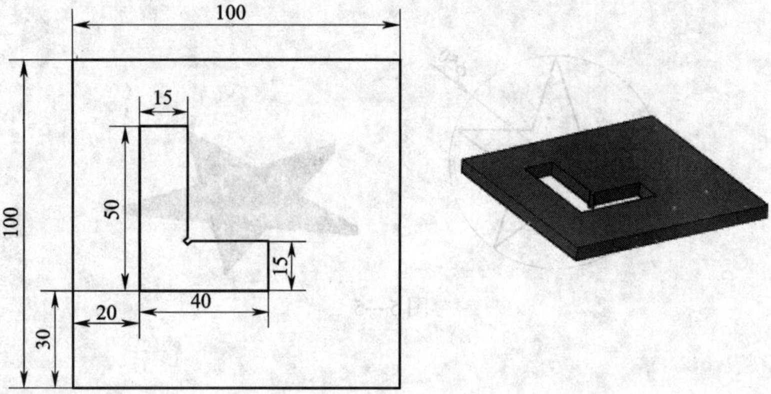

图 5—7

实例四：

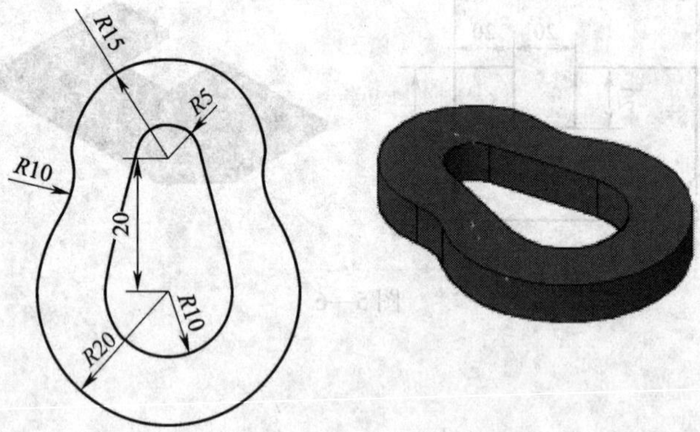

图 5—8

3. 用 CAXA 线切割 2013 软件分别加工本章所示的四个零件实例，请写出主要的加工步骤。

实例一：

实例二：

实例三：

实例四：

第六章　数控电火花成形机床基本操作

第一节　电火花成形机床概述

一、填空题（将正确答案填写在横线上）

1. 数控电火花成形机床主要由__________、__________、__________、机床本体、灭火系统等部分组成。

2. __________是数控电火花成形机床最主要的组成部分之一。数控电火花成形加工的精度、加工的表面质量、加工速度、加工的正常运行、加工间隙的调节、数据的传输等都由该系统控制。

3. __________的作用是把工频交流电转换成一定频率的单向脉冲电源，用以提供电火花放电加工时的能量来蚀除金属。

4. 数控电火花成形机床的__________包括显示器、键盘、电压表、电流表、启动按钮、急停按钮等组件。

5. 电极的自动升降由__________控制，它是数控电火花成形加工机床的主要构成部分之一。

6. 自动进给调节装置的运动、控制的精度会直接影响电火花成形机床的加工精度。它主要由__________和导向装置、锁紧电极和__________、__________等组成。

7. 在电火花成形加工过程中，__________主要给液体介质提供循环动力。

8. 电火花成形机床放电加工过程中，瞬间产生很高的温度，因此__________是最常用的液体介质。

9. 工具电极的装夹与校正必须保证工具电极的进给方向______于工作台平面。

10. 每次加工完毕后，应将__________里的煤油泄回，将工作台表面用棉纱擦拭干净。

11. 电火花放电加工必须在具有一定绝缘性能的________中进行。

12. 电火花加工时可__________，也可浸油加工。

13. 电火花成形机床关机时，按下__________，计算机延时供电约 10 s 以便自动退出系统，然后断电。按下控制面板上的红色__________，关闭总电源。

14. 定期检查电火花成形机床________________工作情况，检查是否有杂物。如果有杂物，应该立即清除，以免影响__________。

15. 如图 6—1 所示为电火花成形机床手控盒，请在空格中填写各按键的含义。

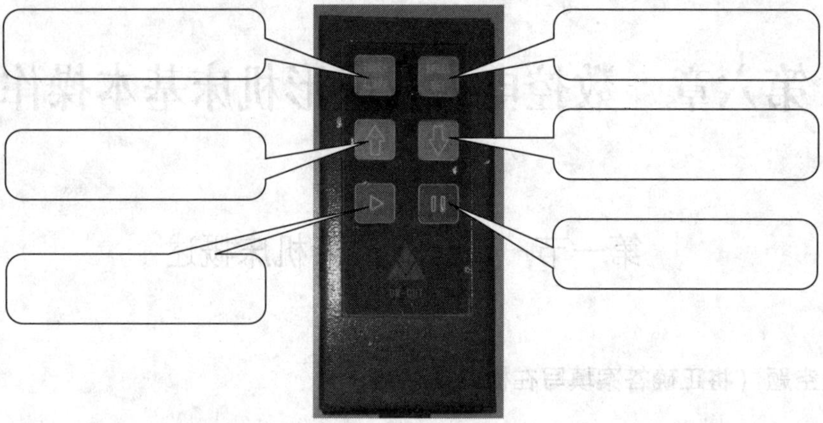

图 6—1

二、判断题（正确的在括号内打“√”，错误的在括号内打“×”）

1. 电火花成形机床开机前，要仔细阅读机床的使用说明书，在未熟悉机床操作规程时，切勿随意操作机床，以免发生安全事故。（　）

2. 加工前注意检查放电间隙，即必须使接在不同极性上的工具和工件之间保持一定的距离，一般为 0. 01 ~0. 1 mm。（　）

3. 要有足够的脉冲放电能量，以保证放电部位的金属熔化或汽化。（　）

4. 电火花放电可以在任意液体介质中进行。（　）

5. 操作中要注意检查工作液系统过滤器的滤芯，如果出现堵塞要及时更换，以确保工作液能自动保持一定的清洁度。（　）

6. 要做到文明生产，加工操作结束后，必须打扫工作场地，擦拭机床，并且切断系统电源后才能离开。（　）

7. 电火花加工时，打开进液阀，注入电火花工作液，充液量大小可以由进液阀调节。（　）

8. 电火花加工时，浸油加工容易引起火灾，应小心操作。浸油加工应严格控制工作液液面的高度。（　）

9. 定期检查电火花成形机床电气柜内是否有浮尘。如果有浮尘，可在通电的情况下用毛刷或吸尘器清除。（　）

10. 电火花放电加工时应保证加在液体介质中的工件和工具电极上的脉冲电源输出的电压脉冲波形是双向的。（　）

11. 工具电极的装夹与校正，必须保证工具电极进给加工方向平行于工作台平面。（　）

12. 电火花加工时，对于采用易燃类型的工作液，使用中要注意防火。（　）

13. 定期检查电火花成形机床主轴风扇的工作情况及是否有杂物。如果有杂物，在不影响使用的情况下可以不予清除。（　）

14. 在电火花不间断放电加工的过程中，不断产生金属细屑和炭黑，经过一段时间的积累会造成液体介质污染，不利于放电加工。 （ ）

三、简答题

1. 简述数控电火花成形机床各组成部分的作用。

2. 电火花成形机床控制系统主要由哪几部分组成？简述各组成部分的作用。

3. 简述电火花成形加工对工作液的要求。

4. 简述电火花成形机床的开关机步骤。

第二节　电火花成形机床工具电极

一、填空题（将正确答案填写在横线上）

1. ______是数控电火花成形加工的主要工作部件，模具加工的形状、尺寸、深度、精度、表面质量均由它决定。

2. ________________是最常用的结构形式。较大体积的电极，为了减轻质量，避免主轴负载过大，一般在________开孔或挖孔。

3. ____________________一般在机械加工有困难时采用，如在磨削时无法做到清根、清角时。

4. ____________________是将多个电极组合在一起，用于一次加工多孔的落料模、级进模等。

5. 纯铜电极的物理性能______，能比较容易地获得稳定的加工状态，不容易产生______等不良现象。

6. ________易于加工成精密、微细的花纹，采用精微加工能达到 $Ra1.25\ \mu m$ 的表面粗糙度值，因此适用于______及____________的加工。

7. 在电火花加工过程中，______用来传输电脉冲，蚀除工件材料。

8. 电极材料必须具有____________良好、损耗小、____________容易、效率高、________丰富、价格便宜等特点。

9. 合理选择电极材料可以从以下几方面考虑：电极是否容易________；电极的放电加工性能如何；________、表面质量如何；电极材料的________是否合理；电极的________如何。

10. ________电极容易制成复杂形状和薄片，尺寸精度好。

11. ________电极常用作加工冷冲模的电极。

12. ________电极价格贵，用于深孔、硬质合金穿孔等。

13. 选择电极时，在保证加工精度的前提下，选择电极材料应以大幅度提高________为目的。

14. __________机械加工成形容易、质量轻，在大脉冲、大电流的情况下具有更小的________。

15. 用________电极加工时粉尘比较大，且粉尘有毒性。

16. 因为电极大部分都采用纯铜加工，所以有时把电火花成形加工用的电极称________。

17. ________电极具有承受电流强度较高，加工速度快，电极损耗小的特点。

18. ________电极排屑困难时容易产生电弧，给加工造成不良的后果。

19. __________电极热膨胀系数大，较大电流的产生容易使电极局部发生变形。

二、判断题（正确的在括号内打“√”，错误的在括号内打“×”）

1. 纯铜是电火花成形加工中应用最广泛的电极材料。（　　）
2. 纯铜电极在较困难的条件下也能稳定加工，加工表面的表面质量好。（　　）
3. 石墨具有较好的机械加工性能，容易制造成形。（　　）
4. 石墨电极承受电流强度较大，加工速度快，电流损耗大。（　　）
5. 银钨合金电极价格便宜，经常用于电火花成形加工。（　　）
6. 纯铜电极加工稳定性好，常用于冲压模加工。（　　）
7. 石墨电极加工稳定性较好，常用于大型模具加工。（　　）
8. 银钨合金电极损耗大，价格昂贵，多用于精密加工。（　　）
9. 电极的选择原则是如果要求进行高速加工，可以将加工精度要求适当放低。（　　）
10. 选择电极材料时，应根据不同类型零件的实际需求，有针对性地对材料进行选择使用。（　　）

三、简答题

1. 电极按其构成情况一般可以分为哪几种形式？

2. 简述纯铜电极的优缺点。

3. 简述石墨电极的优缺点。

4. 简述电极选择的优化方案。

5. 简述钢、铸铁、石墨、纯铜电极的性能特点和应用场合。

6. 简述电极材料选择的一般原则。

第三节　工具电极设计制作基础

一、填空题（将正确答案填写在横线上）

1. 设计电极的结构时，应考虑到＿＿＿＿＿＿与＿＿＿＿＿＿连接后，其重心应位于主轴中心上，否则就会因附加的偏心矩使电极轴线偏移，影响＿＿＿＿＿＿。

2. ＿＿＿＿＿＿＿是最常用的结构形式，应优先选用，这对于产品有外观和棱线要求时尤为重要。

3. ＿＿是电火花加工中校正电极的基准，它应便于装夹定位。

4. 在制造大型腔的石墨电极时，可采用＿＿＿结构。

5. 电火花线切割加工是目前常用的一种电极加工方法，非常适合＿＿电极的制造。

6. ＿＿＿＿是利用金属的电解沉积原理来精确复制某些复杂或特殊形状工件的特种加工方法。

7. 在电极制造中，为了缩短电极和凸模的＿＿＿＿＿，保证电极与凸模的轮廓一致，常将电极与凸模用环氧树脂或锡焊联合在一起＿＿＿。

8. 采用＿＿＿＿＿＿＿＿制造电极，电极的制造和放电加工在同一个基准上进行，无须找正，给加工带来了很大的方便。

9. 使用＿＿＿电极时，应选用非侧压方向的面作为电极＿＿＿，否则加工中易剥落、损耗大。

10. 模具企业广泛使用＿＿＿＿＿的方法，完成各种复杂电极的制作加工。

11. 如遇到工件上形状相同的加工位置，只需设计制作一个电极，采用＿＿＿＿的方式来加工。

12. 对于体积较大的电极，为了减轻质量，避免主轴负载过大，可在端面＿＿＿＿＿＿或＿＿＿＿＿＿。

13. 为提高加工精度，在设计电极时可将其分解为＿＿＿和＿＿＿，先用＿＿电极加工型腔，再用＿＿电极加工尖角、棱边、窄缝等部位。

14. 铜电极主要采用＿＿＿＿方法制造，配合钳工的修光达到预定要求。

15. 电极的制造基准必须充分考虑到电极进入电加工机床夹具时的＿＿＿＿＿＿。

16. 无论是总体成形电极还是局部成形电极，电极因其材料、功能、形状、尺寸等方面的不同，都应留有相应不同的＿＿＿＿＿＿。

二、判断题（正确的在括号内打“√”，错误的在括号内打“×”）

1. 为减少加工成本，提高加工效率，当在数控加工、线切割加工等加工困难或工件有特殊要求的情况下，才设计电极进行放电加工。（　　）

2. 通常在保证电极具有足够刚度的同时，用开减重孔的方法来减轻电极质量，但要注意的是减重孔需要开通。（　　）

3. 在设计电极之前，应详细分析产品图样，确定产品实施电火花成形加工的位置。（　）

4. 设计电极时还应综合考虑电火花加工的工艺问题，可根据实际加工情况开设排屑孔、排气孔等。（　）

5. 设计电极应做到综合考虑，在保证加工质量的前提下，尽可能提高加工效率，降低加工成本。（　）

6. 纯铜电极制造时主要采用机械加工方法，配合钳工的修光达到预定要求。（　）

7. 石墨电极的机械加工性能好，加工时不容易产生扎刀、毛刺现象，但机械加工后修整、抛光都很困难。（　）

8. 对于纯铜电极，在有条件的情况下，可用成形磨削加工成形；而对于石墨电极，可在仿形刨床上进行仿刨成形。（　）

9. 电火花线切割加工很容易加工石墨材料。（　）

10. 薄片类电极很难用机械切削方法加工，而使用线切割加工可以获得很高的加工效率和加工精度。（　）

11. 电铸加工方法适用于纯铜电极，主要用来制作大尺寸的电极。（　）

12. 电铸加工方法制造电极的缺点是加工周期短，成本较低，电极质地比较疏松，但电加工时的电极损耗较小。（　）

13. 采用数控机床加工电极，既可以提高生产率，又可以保证电极的制作精度，但是电极经常改型时不太适合在数控机床上加工。（　）

14. 石墨电极应采用质细、致密、颗粒均匀、气孔率小、灰粉少、强度高的高纯石墨制造。（　）

15. 底座是电火花加工中校正电极的基准，底座应便于装夹定位。（　）

16. 采用快速装夹系统来制造电极，电极的制造和放电加工在同一个基准上进行，无须找正，给加工带来了很大的方便。（　）

17. 一般情况下，型腔的形状比较复杂时，比较难于确定理想的定位基准，尽可能最后安排电火花成形加工。（　）

三、简答题

1. 简述电极的设计要点。

2. 简述工具电极常用制造方法。

3. 简述常用电极制造工艺的工序。

4. 简述石墨电极的制造方法和特点。

第七章　数控电火花成形机床加工工艺

第一节　电火花成形机床工艺参数

一、填空题（将正确答案填写在横线上）

1. 电火花加工的主要工艺指标有____________、电极损耗、____________、加工精度等。

2. ____________是加到工具电极和工件上放电间隙两端的电压脉冲持续时间。

3. ____________是间隙火花放电时脉冲电流的最大值（瞬时）。

4. ____________是两个电压脉冲之间的间隔时间，即两个脉冲间无电流的时间。

5. 间隙两端加上脉冲电压后，一般均要经过一小段的延续时间，工作液介质才能局部被击穿放电，此时间称为____________。

6. 一个电压脉冲开始到下一个电压脉冲开始之前的时间称为____________。

7. ____________是间隙开路时电极间的最高电压，等于电源的直流电压。

8. 加工电压或间隙平均电压是指加工时电压表上指示的放电间隙两端的平均电压，它是多个______________、火花放电维持电压、短路和脉冲间隔等电压的________。

9. 加工电流 I（A）是指加工时电流表上指示的流过放电间隙的__________。______时小，________时大；间隙偏开路时小，间隙合理或偏短路时则大。

10. 电火花成形加工中，为满足不同的加工要求所选用的一组电脉冲参数称为__________。

11. 工件接脉冲电源正极（高电位端），称为______________。

12. 电火花成形加工的__________通常用单位时间从工件上蚀除的金属体积衡量。

13. 在脉冲宽度一定的情况下，__________越小，单位时间内的脉冲放电次数就越多，________越大，加工速度越高。

14. 在脉冲宽度和脉冲间隙一定的情况下，随着峰值电流的增加，单个脉冲的能量________，加工速度________。

15. 电火花成形加工的表面质量可分为____________和侧面表面质量。

16. ____________等于工件上口的最大加工尺寸和工件下口的最小加工尺寸之差除以测量面之间的距离。

17. 加工时，工作液变脏，会产生“________”，放电间隙状态恶劣，电极回升次数增多，形成__________。

18. 在峰值电流一定的情况下，随着脉冲宽度的减小，电极损耗________。脉冲宽度越窄，电极损耗________的趋势越明显。

19. 用纯铜电极加工钢时，随着峰值电流的增加，电极损耗________。用石墨电极加工钢时，在脉冲宽度相同的条件下，随着峰值电流的增加，电极损耗__________。

20. __________是工件上口的最大加工尺寸和工件下口的最小加工尺寸之差。

二、判断题（正确的在括号内打“√”，错误的在括号内打“×”）

1. 脉冲宽度越大，放电间隙越小，电极损耗越大，表面质量越好。（　　）

2. 脉冲电源的峰值电流是预先选择和计算好的，加工时可按说明书选定粗、中、精加工的峰值电流。（　　）

3. 实际加工中，应根据加工的稳定性选择有效的脉冲间隔。（　　）

4. 峰值电压高时，放电间隙大，生产率高，但成形复制精度稍差。（　　）

5. 对粗规准的要求是生产率高、工具电极的损耗大。（　　）

6. 平动加工可以获得较高的表面质量，但是工件的加工精度不高。（　　）

7. 电火花成形加工的工艺性能是通过电火花成形加工的工艺指标来衡量的。（　　）

8. 当脉冲峰值电流一定时，脉冲宽度增加，加工速度随之减小；脉冲宽度增加到一定数值时，加工速度达到最低。（　　）

9. 对同一种电极材料，脉冲宽度大，正极性加工比负极性加工表面粗糙度值小一些。（　　）

10. 在峰值电流一定的情况下，随着脉冲宽度的减小，电极损耗增大。脉冲宽度越小，电极损耗上升的趋势越明显。（　　）

11. 随着脉冲间隔的减小，电极损耗也随之减小，但超过一定程度时放电间隙来不及消电离而造成拉弧烧伤，反而影响正常加工。（　　）

12. 一般情况下，用石墨电极和纯铜电极加工钢时，粗加工用正极性。（　　）

13. 加工间隙受加工稳定性的影响，加工稳定性不好，电极频繁回升，加工间隙就比同一参数下的正常加工间隙小。（　　）

14. 电火花成形加工时，电极尖角和棱边的损耗比端面和侧面的损耗严重，由于电极棱角的损耗导致工件棱角倒圆，加工出的工件不能得到清棱。（　　）

15. 由于二次放电的修光作用，用同一规准加工出来的侧面表面粗糙度值往往要比底面表面粗糙度值稍小。（　　）

16. 在脉冲宽度一定的情况下，随着峰值电流的增加，单个脉冲能量也增加，加工表面质量变差。（　　）

17. 采用长脉冲粗加工，如使用纯铜电极加工钢时，宜采用正极性加工。（　　）

18. 影响电火花成形加工精度的主要因素有加工间隙、加工斜度或斜度角、棱角倒圆半径，以及表面粗糙度值。（　　）

三、简答题

1. 简述电火花加工电规准的分类和选择原则。

2. 简述脉冲宽度对加工速度的影响。

3. 简述峰值电流对电极损耗的影响。

4. 电火花加工时影响加工精度的主要因素有哪些？

5. 简述加工面积对电火花加工表面质量的影响。

第二节　电火花成形机床编程

一、填空题（将正确答案填写在横线上）

1. 一个指令字是由________（指令字符）和带符号或不带符号的________组成的。
2. 一个完整的数控电火花加工程序是由________、________和________三部分组成的。
3. ________又称 G 功能或 G 代码，由地址符 G 和后面的两位数字组成。
4. ________也称为 M 功能，主要用于控制电火花成形加工时的辅助动作和状态。
5. 当电极与工件处于__________时，为了保证电极在移动时不出现接触感知报警，需使用 M05 指令。
6. 数控电火花成形加工程序的主体分为__________和__________，某个程序在其内部调用了其他程序，该程序称为__________，被调用的程序称为__________。
7. 一个完整程序的最后一定要由 M02 表示程序结束，并使____________。
8. 电火花编程分为________编程和________编程，分别用 G90、G91 来表示。
9. 程序内容主要由__________及各种加工指令组成。
10. 下面为一个电火花加工程序，请对各段程序做简单说明。

T84；____

G54 G90 G92 X0 Y0 Z1.0；____

G30 Z+；____

G00 Z0.5；____

C109；____

G01 Z-4.8；____

M05 G00 Z0.5；____

C106；____

G01 Z-4.95；____

M05 G00 Z1.0；____

T85 M02；____

11. ________的功能为快速移动，属定位指令。________的功能为直线插补，属加工指令。
12. G17 的功能为________平面选择，________的功能为 *XOZ* 平面选择。
13. ________的功能为按指定轴向抬刀，G31 的功能为按____________抬刀。
14. 电火花成形加工的工艺方法一般指的是一个从粗到精的加工过程，且多数为沿________加工。
15. ________指令主要用来找边，确定加工位置。
16. 当加工程序执行到________时，将暂停执行当前程序，暂停放电加工。
17. 子程序与主程序的区别是用________作为子程序的结尾标志。
18. 电加工时可对电极尺寸进行补偿，其中________表示电极左补偿，________表示电极右补偿。

二、判断题（正确的在括号内打“√”，错误的在括号内打“×”）

1. G00 为直线插补指令，属于加工指令。（　）
2. G03 为逆时针圆弧插补指令。（　）
3. G57 为选择工件坐标系指令。（　）
4. G31 指令后面不加坐标方向，一般用在斜向加工、圆弧加工或加工方向变化的情况。（　）
5. M09 指令表示 *R* 轴旋转功能关闭。（　）
6. 采用自动编程既可以减轻编程人员的劳动强度，又可以缩短编程时间。（　）

三、简答题

1. 简述主程序和子程序的关系和特点。

2. 简述电火花自动编程的概念。

四、编程题

1．编写如图 7—1 所示工件的电火花加工程序。

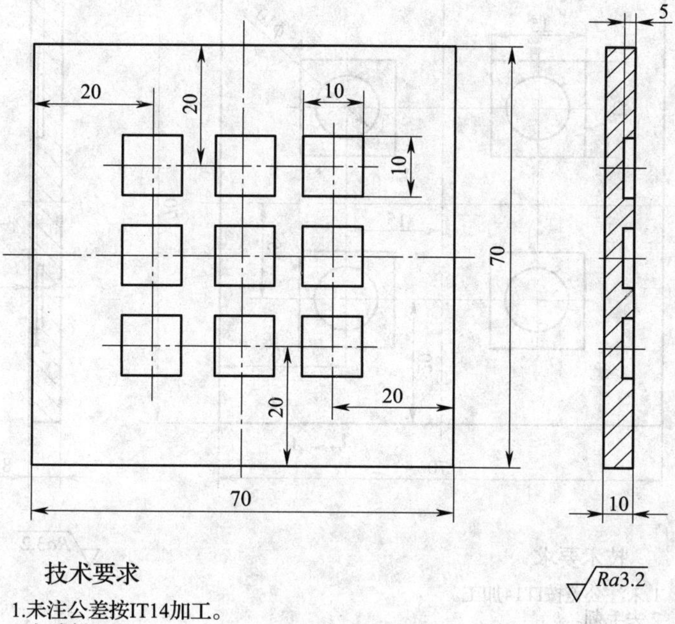

技术要求

1.未注公差按IT14加工。
2.去毛刺。

图 7—1

2. 编写如图 7—2 所示工件的电火花加工程序。

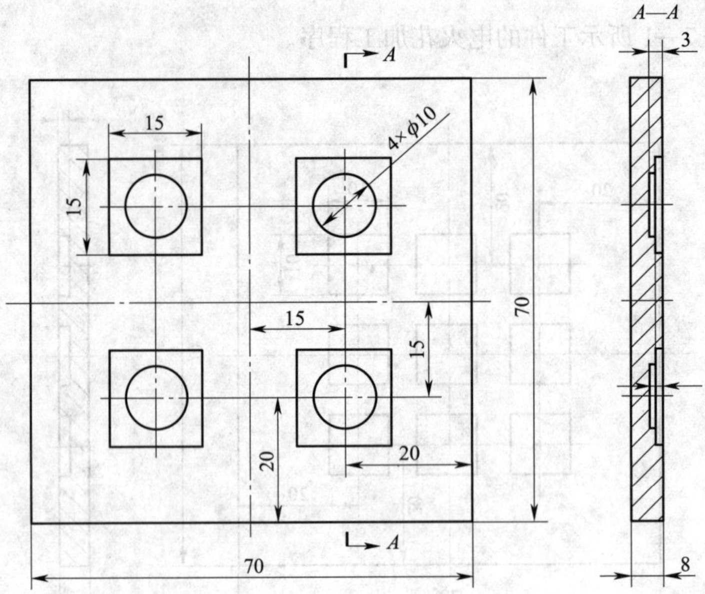

$\sqrt{Ra3.2}$

技术要求

1.未注公差按IT14加工。
2.去毛刺。

图 7—2

第三节 电火花成形加工新工艺

一、填空题（将正确答案填写在横线上）

1. 电火花成形机床采用________，省去丝杠—螺母传动环节，可使加工性能获得明显改善。

2. 电火花成形机床脉冲电源的改进对提升加工速度、降低________、确保________和表面质量起着非常重要的作用。

3. ____________是数控机床的核心部分，其性能的提高不仅可直接提高加工效率、加工精度和加工稳定性，同时也是扩大加工范围、实现____________的重要途径。

4. 电火花加工技术正不断向__________、__________、__________、__________等方向发展。

5. 电火花加工精密化的核心主要体现在对__________、__________、__________的要求。

6. 电火花成形加工通常以____________作为加工对象，而在一定条件下，也可以加工____________、半导体、____________，并取得了较好的加工效果。

7. 为保证极高的重复定位精度，提高加工效率，数控电火花成形加工常采用快速装夹的____________。

8. __________________减少了局部集中放电，提高了加工稳定性，从而能稳定获得大面积的光整加工表面。

9. 与普通电加工方法相比，混粉电火花成形加工能有效改善加工________，降低______________，因此其在模具制造行业具有广阔的应用前景。

二、判断题（正确的在括号内打“√”，错误的在括号内打“×”）

1. 先进制造技术的快速发展和制造业市场竞争的加剧对电火花成形加工技术提出了更高要求。（ ）

2. 电火花成形加工设备采用直线电动机伺服系统，可使加工性能获得明显改善，但机床的灵敏度不高。（ ）

3. 电火花机床采用直线位置反馈元件，实现无中间环节的直接位置检测，从而保证加工过程的高精度及精度保持性。（ ）

4. 智能型自适应电源采用计算机数字化控制技术，自选加工规准，自适应调节加工过程中的脉冲参数，从而可以达到生产率较高的最佳放电状态。（ ）

5. 多轴联动电火花机床很好地适应了不同种类工件的加工要求，扩大了数控电火花加工的范围，可以取代普通的电加工机床。（ ）

6. 先进数控系统的应用可为电火花成形加工带来显著的经济效益，已成为衡量电火花成形加工技术水平的重要标志。（ ）

7. 由于电火花机床具备在线帮助功能，操作人员可以直接根据计算机提示实现故障

排除。 (　　)

8. 电火花微细加工机理与常规电火花成形加工相同，但每个脉冲的放电能量很小。

(　　)

9. 采用标准化夹具，加工过程中电极不能随意卸下，否则将影响加工精度。 (　　)

三、简答题

1. 简述电火花成形加工设备采用直线电动机伺服系统的优越性。

2. 简述电火花成形加工设备结构的发展趋势。

3. 简述电火花成形加工工艺的发展趋势。

4. 简述混粉电火花成形加工方法的加工原理。

5. 简述电火花成形加工数控系统的发展方向。

第八章　数控电火花成形机床加工实例

第一节　电火花多步自动加工

一、填空题（将正确答案填写在横线上）

1. ________________是先进数控电火花成形机床的一项自动功能，所有电极由机械手臂按预定的指令程序自动更换。

2. ________________是指由人工手动完成电极装夹的操作。

3. 多孔工件加工时，对于不具备自动编程功能的数控电火花成形机床，可以采用________的方式完成。

4. 为了校正电极与工件的相互位置，常用的方法有______________、______________、______________。

二、简答题

1. 在本例多孔工件加工过程中，零件图样上盲孔尺寸为 $\phi10$ mm，加工工具电极时为什么直径应加工为 $\phi9.7$ mm？

2. 简述本例中用百分表校正零件毛坯的步骤。

3. 简述装夹电极的注意事项。

4. 简述用打印法校正电极位置的具体操作。

三、编程题

采用编程或者手动定位的方式完成如图 8—1 所示工件的加工任务，请写出关键步骤及注意事项。

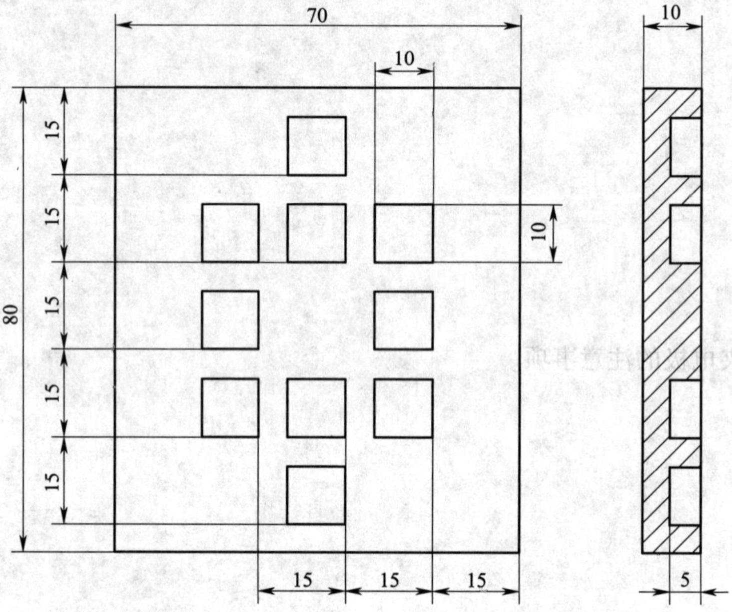

技术要求

1.未注公差按IT14加工。
2.去毛刺。

$\sqrt{Ra3.2}$

图 8—1

四、操作题

采用手动定位的方式完成如图 8—2 所示工件的加工任务，请写出关键步骤及注意事项。提示：找到四个待加工孔在圆上的坐标，采用多步加工方法，具体操作步骤参阅教材内容。

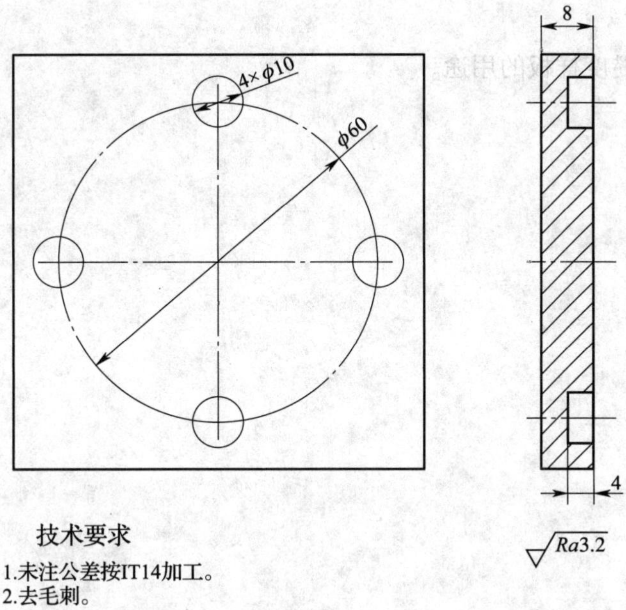

图 8—2

第二节　表面粗糙度样板加工

一、简答题

1. 简述表面粗糙度样板的用途。

2. 怎样利用单电极加工不同表面粗糙度值要求的表面粗糙度样板？

3. 在加工过程中，为什么先加工表面粗糙度值最小的样板，然后依次加工表面粗糙度值大的样板？

4. 简述如何用百分表精确校正电极的垂直度。

5. 根据表面粗糙度样板的制作过程，分析影响工件表面质量的因素。

6. 试分析自制表面粗糙度样板的加工工艺。

二、操作题

制作完成表 8—1 中不同表面粗糙度值要求的样板，尺寸为 15 mm × 25 mm × 3 mm，写出关键步骤。

表 8—1

样板	1	2	3	4	5	6	7
表面粗糙度值（μm）	0. 2	0. 4	0. 6	3. 2	6. 3	12. 5	25